湿地生境

北京市区鸟类多样性与植被特征研究

王丹丹 著

中国·上海

同济大学出版社
TONGJI UNIVERSITY PRESS

序：老城不能再拆了

2017 年 9 月 27 日，读到中共中央、国务院对《北京城市总体规划（2016 年—2035 年）》的批复，"老城不能再拆"跃然眼前，一时百感交集。

这六个字，对我而言，已经盼望了二十多年！

1991 年我从中国人民大学新闻系毕业，到新华社工作，从事北京城市规划建设报道，正赶上北京市实施十年完成危旧房改造计划。1992 年，土地批租制度在北京市施行，开发商纷纷涌入老城之内，王府井、西单等黄金地段率先被成片拆除。

1993 年国务院批复的《北京城市总体规划（1991 年—2010 年）》对老城建筑高度提出严格要求，可是，它刚获批准就遭受巨大冲击。

总体规划力保从故宫太和殿平台向四周观望，视线不被遮挡，以维持老城平缓开阔的壮丽景观。可是，开发商想方设法突破规划限高，以攫取巨额回报。不能忘记考古学家、中国社会科学院研究员徐苹芳先生当年那一声怒吼："你'东方广场'这样建，要在故宫边上盖成一座山，这是违法的！你置故宫于何种地位？你是不是想让故宫像一条狗那样趴在你边上？！"

总体规划是北京市人大常委会讨论通过、经中央政府批准的地方法规，竟陷入这般境地，是我始料不及的，遂决意展开调研，以为决策参考。其间的曲直是非按此不表，当时心里就是这一个念想："老城不能再拆了！"

老城不能再拆，并不是说北京就不需要发展了。老城只有 62.5 平方公里，而北京的中心城规划面积逾 1 000 平方公里，行政辖区 16 410 平方公里，有的是地方保障发展，为什么偏偏去拆老城呢？留下老城，并不会妨碍北京的发展，相反，保护好老城，建设好新城，才是最好的发展，这才是在保护中发展，在发展中保护啊！

可是，二十世纪五十年代以来，对老城拆多保少，越拆越甚，城市功能在市中心挤成一团。城市摊成"大饼"，城郊之间，职住严重失衡，激起通勤大潮，首都成了"首堵"。

2000 年，北京市又施行五年完成危旧房改造计划，以成片推倒、拆低建高的房地产开发方式推行。为降低成本、加快速度，拆迁补偿低于房屋市场价格，激化了动迁矛盾。

老百姓三天两头到新华社找我，领着我去拆迁现场。眼看着南小街没了、花市没了、辟才胡同没了、十八半截街没了……短短两年之间，老城的房子被拆掉 443 万平方米，相当于前十年的总和！

2001 年 7 月 13 日，北京市成功申办 2008 年夏季奥运会，城市建设迎来大发展时期，2800 多亿元人民币要投下去，如果继续大拆老城，后果不堪设想。

我继续展开调研，提出保护老城、建设新城、停止"摊大饼"式扩张、改变单中心城市结构的建议，得到决策层重视，却有人不解：北京的中心城是以分散集团式布局的，在中央大团与边缘集团之间规划了绿化隔离带，你凭什么说这是"摊大饼"？！

听到这个意见，我实话实说：分散集团式不是图上一画、墙上一挂就万事大吉了，关键要看怎么实施。一个劲儿地拆老城，把老百姓迁到郊区去住，在郊区盖出来的望京、回龙观、天通苑等等，论其规模已是一个城市，可它们只是用来睡觉，一个人口逾千万的城市只是一个单中心的结构，大家都要跑到城里上班，再到城外睡觉，这不是"摊大饼"还能叫什么？为什么不能把拆老城的那些项目，往郊区匀一匀？为什么偏偏跟老城过不去，跟全市的平衡发展过不去？到底是什么力量在驱使？！

有人把我们的调研报告扔在地上，誓要理论一番。压力传递过来，鄙人习以为常，真理面前人人平等！心中涌动着的，仍是这一个念想："老城不能再拆了！"

千呼万唤，2005 年 1 月国务院批复的《北京城市总体规划（2004 年—2020 年）》终于提出整体保护旧城、重点发展新城、调整城市结构的战略目标。可是，这一版总体规划的实施，仍是如上刀山，老城还在被拆！眼看着宣南快被拆没了，那里是西周蓟城、唐幽州、辽南京、金中都所在，竟被成片成片剃了光头！有那么多会馆建筑云集于此，竟被毁为瓦砾！

2013 年 8 月在上海书展，一位读者问我：你这个新华社记者对北京的城市发展做了那么多调研，能不能自我评价一下，你到底是成功者还是失败者？

我的回答是：你可以认为我是成功者，因为我们的工作增进了这样的认识——拆除北京老城是完全错误的！可在以前，很多人并不认为这是错误，甚至以为这是进步。你也可以认为我是失败者，因为虽然认识到这是严重的错误，老城还在被拆！真是触动利益比触动灵魂还难啊！！

2004年版总体规划仍不能阻止推土机开进老城，一个重要原因就是相当一批危旧房改造项目此前已被批准，发生了交易费用，如果叫停，谁来赔付？说来道去就是利益二字。那么，能不能拿出一个切实可行的措施加以解决？

2016年1月，北京市又公布了一个棚户区改造计划，相当一批胡同、四合院被划入其中，以房地产开发公司为主体来实施，实在令人不解：胡同、四合院有着如此厚重的历史，分明是北京的"金名片"，怎么被当成了棚户区？难道为完成棚改任务，为享受棚改政策，为弄出点GDP，就得这样？！北京老城，真是到了最后关头！！再这么拆下去，把单中心城市结构继续强化，弄成铁饼一块，北京的城市病会多么深重！！

通州区本是2004年版总体规划确定要重点发展的新城，可是，眼看着它成了一个人口逾百万的"睡城"。因为老城还在被拆，城市功能不能有效转移，跑到通州来住的，尽是从城里搬出来的，为讨生活，得天天进出城来回折腾，如同春运！

看着胡同里停不下来的推土机和这个城市越来越大的通勤压力，心情特别沉痛。

就在这时，接到北京市城市规划设计研究院石晓冬先生的电话，他邀请我为新一轮北京城市总体规划修编作一项专题研究，即"北京历史文化名城保护与文化价值研究"[1]。

记得是在 2016 年 6 月，我如约去规划院与晓冬先生商谈此事，知时间紧、任务重，新版总体规划已到文本书写阶段，亟须完善这方面内容。

当时，我的想法是：

（1）必须迅速叫停老城内所有成片拆除项目。这一轮总体规划修编，如不能达到这个目的，就没有太大意义，因为老城还在被拆，"大饼"就还在被摊，城市病只会越来越重。

（2）必须把老城内所有的胡同、四合院一次性划入历史文化保护区（下称文保区）。北京市已公布的文保区只占老城面积的 29%，文保区之外大片大片的胡同、四合院成了拆迁重灾区，这是违背整体保护规定的，必须通过实现文保区的全覆盖，改变这样的情况。

（3）必须制定一个政策，把老城内的成片拆除项目妥善转移出去。可以考虑通过土地一级市场调控，以新城的建设用地来置换这些项目，实现财务平衡。

（4）必须以居民为主体保护修缮胡同、四合院，彻底解决私房历史遗留问题，切实保护产权，完善四合院交易平台，复兴城市自然生长机制。

（5）房管部门必须管理好公房，禁止违法违规转租转借，必须建

---

1. 本书为报告全文，在文化价值研究部分增加了注脚，略有修订，以"建极绥猷"为书名。

立直管公房租户退出机制，保障真正需要保障的居民，在维持社会结构稳定的前提下，合理降低人口密度。

我将这些想法全盘托出，晓冬先生非常重视，并希望我对老城的文化价值再作研究，甚合我意——2012 年出版《拾年》一书之后，我专注于中国古代建筑史学史研究，深感梁思成先生提出的"结构技术＋环境思想"研究体系极为正确，遂以此为指南，结合古代天文学对北京老城的时空格局进行探索，有诸多心得，正可借此成文。

我在研究中发现，北京日坛与月坛的连接线呈东西走向横贯老城，与南北轴线交会于紫禁城三大殿区域，呈现子午卯酉时空格局。这正是中华先人测定时间的地平坐标，直通上古天文，事关农业文明之发生；北京老城象天法地，其平面布局蕴含着支撑中国古代文明最具基础性的知识体系与文化观念，正是中华文明源远流长的伟大见证。

2016 年 9 月，我从新华社调入故宫博物院，完成专题研究初稿，向规划院同仁作了汇报。冯斐菲女士独具慧眼，提出北京位于农耕文化与游牧文化交织地带，可以考虑以此为线索再作拓展。在这次汇报会上，大家的真知灼见我难以忘怀，更是深深感到，每一位同仁的心里，亦是这么一个强烈的愿望："老城不能再拆了！"

9 月底，我完成报告的最后书写并正式提交。此间，考古学家、故宫博物院老院长张忠培先生扶病给予指导，中国社会科学院考古所研究员冯时先生提出宝贵意见。12 月 14 日，规划院为这项研究举办研讨会，晓冬先生主持，冯时先生、唐晓峰先生、王其亨先生、张杰先生对报告再作评议，又提出宝贵意见。

不能忘记，研讨会上，冯时先生饱含深情说的这一番话："北京城是有着深厚底蕴的文化结晶，阐释了这个问题也就说清楚了为什么要保护北京城。保护北京城，就是保护绵延几千年的中华文明！"振聋发聩啊！

通过这次研究，我理解了太和殿高悬着的"建极绥猷"匾之真义，刹那间心中锐感：保卫北京老城，保卫中华文明源远流长的伟大见证，保卫对祖国文化的认同，不正是我们这个时代的建极绥猷吗？！

一万多年前，中华大地上，种植农业已经发生。打那时起，此种文化、文明就没有断流，兹惟艰哉，却永言保之，生生不息！此乃人类历史仅见之现象。

伟大的中华文明，正被我们伟大的北京城承载着、见证着，它不会中断！

老城不能再拆了！难道不是吗？！

我们不会退缩。

王 军

2017 年 10 月 15 日

前言

作为数千年从未中断的文明体，中国在 1978 年改革开放之后迅速崛起，经济总量 2008 年逾德国居世界第三，2010 年逾日本居世界第二。与此同时，中国文化在世界范围内迅速升温。但对中国文化价值的认识，与这样的形势还不相适应。中国文化的真髓何在？原点何在？对当今人类文明的意义何在？一系列问题需要破解。

在中国内部，近代以来，对传统文化的认识，经历了一个复杂过程。鸦片战争之后，面对西方列强的入侵及随之而来的民族危亡，国人纷纷从文化上找原因，以图自强。清朝覆灭后，中国社会经历了数次对传统文化的激烈批判，乃至彻底否定。

五四新文化运动虽然提出"研究问题、输入学理、整理国故、再造文明"，可是，对本土文化的"研究"与"整理"冷落了，"输入"与"再造"失去了根基。今天，中国已崛起为举足轻重的世界经济大国，但文化自信何在，竟成为国人的集体焦虑。这是极其失衡的局面，表明中国文化软实力建设存在严重短板。

作为中华人民共和国首都，有着三千多年建城史、八百多年建都史的世界历史文化名城，北京在国家文化软实力的建设上，在文化自信的塑造上，拥有巨大资源，应该充分发挥首善之区的作用。

从三千多年前的西周蓟城连续发展而来的北京旧城是"都市计划的无比杰作"（梁思成语）、"人类在地球表面上最伟大的个体工程"（埃德蒙·培根语）。本专题研究表明，北京旧城平面布局还保存了支撑中国古代农业文明最具基础性的人文信息，彰显中华文化惊人的连续性。

加强北京历史文化名城保护、深入挖掘北京历史文化价值，具有极其重大的现实意义。

回顾历史，我们看到，二十世纪五十年代之后，北京经历了三次大规模旧城改造：

一、二十世纪五十到六十年代，决策层拒绝了完整保护旧城、多中心平衡发展城市的"梁陈方案"，制定了以单中心城市结构建设1000万人口首都城市的总体规划，提出十年左右完成旧城改造计划，拆除了北京内外城城墙。

二、1990年北京市提出十年完成危旧房改造计划，1990—1998年不足十年时间，便拆除危旧房420万平方米，王府井、西单等传统商业区被彻底改建，高层建筑不断向故宫周边聚集，形成压迫之势。

三、2000年，北京市提出5年内完成危旧房改造计划，目标为：成片拆除164片，涉及居住房屋面积934万平方米。从2000年至2002年，共拆除危旧房总计443万平方米，相当于前十年的总和。

北京旧城仅占中心城面积的5.76%。2005年，吴良镛在《北京旧城保护研究》一文中指出，北京旧城已有一半以上的建筑空间被完全重建。剩余的部分也正不断受到建设性破坏的威胁，其中，连同公园和水面在内，保留较完整的历史风貌空间已不足15平方公里。[2] 以旧城为核心的中心城因承载过多的城市功能，交通与环境压力持续加重。

---

2. 吴良镛. 北京旧城保护研究：上篇 [J]. 北京规划建设，2005(1):26.

对旧城的大规模拆除，始终伴随着保护力量的抗争，拆与保代表了对待传统文化截然不同的价值取向。从城市发展的角度观察，对北京旧城的大规模拆除，强化了二十世纪五十年代确定的单中心城市结构，导致严重的职住失衡，引发交通拥堵、环境恶化等一系列人居障碍，成为北京市必须解决的重大问题。

2005 年，国务院批复的《北京城市总体规划（2004 年—2020 年）》提出，"重点保护旧城，坚持对旧城的整体保护"，"停止大拆大建"，"逐步改变目前单中心的空间格局，加强外围新城建设，中心城与新城相协调，构筑分工明确的多层次空间结构"。这为北京历史文化名城保护及城市结构的调整提供了空前机遇。

然而，总体规划获批之后，由于旧城内遗留的危旧房改造项目未能全面叫停，对旧城的成片拆除仍保持着强大惯性，单中心城市结构仍在被继续强化。

长期以来推行的旧城改造，使北京城市发展的重心过度集中在旧城之内，导致区域失衡发展、城市"摊大饼"式扩张。要根治北京的城市病，就必须采取果断措施停止对旧城的继续拆除，真正做到像爱惜自己的生命一样保护好城市历史文化遗产。只有这样，才能为城市发展的重心向外围新城转移，切实加强历史文化名城的保护，创造最有利条件。

本专题研究试图针对以上问题，深入挖掘北京历史文化价值，探讨旧城保护实施管理策略和历史文化名城保护机制，提出相应对策，以供北京城市总体规划修编参考。

目录

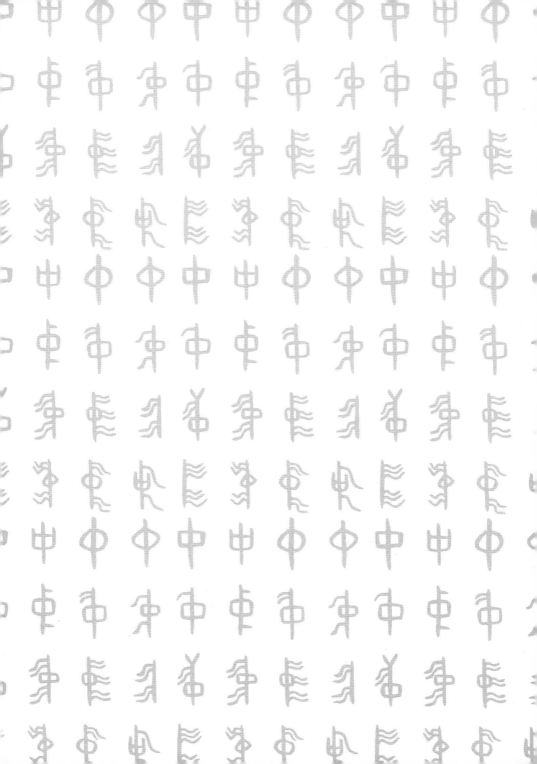

第一章

北京旧城历史文化价值

一、子午卯酉时空格局

北京旧城平面布局保存了支撑中国古代农业文明最具基础性的人文信息，彰显惊人的文化连续性，是中华文明源远流长的伟大见证

　　关于北京历史文化名城的价值，近代以来，中外学者多有论述。

　　1943 年，梁思成在《中国建筑史》一书中指出："明之北京，在基本原则上实遵循隋唐长安之规划，清代因之，以至于今，为世界现存中古时代都市之最伟大者。"[3]

　　1949 年 3 月，梁思成组织编制完成《全国重要建筑文物简目》（下称《简目》），提出的第一项文物，即"北平城全部"。《简目》在说明中称明清北京城为"世界现存最完整最伟大之中古都市；全部为一整个设计，对称均齐，气魄之大举世无匹"[4]。

　　1951 年，梁思成在《北京——都市计划的无比杰作》一文中称赞："北京是在全盘的处理上才完整地表现出伟大的中华民族建筑的传统手法和在都市计划方面的智慧与气魄。这整个的体形环境增强了我们对于伟大的祖先的景仰，对于中华民族文化的骄傲，对于祖国的热爱。北京对我们证明了我们的民族在适应自然，控制自然，改变自然的实践中有

---

3. 梁思成 . 中国建筑史（油印本）. 中华人民共和国高等教育部教材编审处 . 1955: 147. 这部书稿的完成时间，见 1968 年 11 月"梁思成革命交代材料"，林洙提供。内称"1943 年编写了《中国建筑史》"，"……中国建筑史，于 1943 年写成。1955 年，作为'高教部交流讲义'油印出版"。
4. 梁思成 . 梁思成全集：第 4 卷 [M]. 北京：中国建筑工业出版社，2001:321.

着多么光辉的成就。这样一个城市是一个举世无匹的杰作。"[5]

1967 年，埃德蒙·培根（Edmund N. Bacon）在《城市设计》一书中评论："人类在地球表面上最伟大的个体工程也许就是北京了。这个中国的城市，被设计为帝王之家，并试图成为宇宙中心的标志。这个城市深深地沉浸在礼仪规范和宗教意识之中，这些现在与我们无关了。然而，它在设计上如此杰出，为我们今天的城市提供了丰富的思想宝藏。"[6]

1994 年，吴良镛在《北京旧城与菊儿胡同》一书中指出："元大都是第一次有意识地把我国古代历史上《考工记》中描述国都'理想城'的型制，结合北京的具体地理条件，以最近似最集中的规划布局手法，创造性地加以体现的城市"，"北京是古代'中国都城发展的最后结晶'，是中国封建时代城市建设的最高成就"，"自 800 年至 1800 年间，中国都城人口之众，如长安、开封等一直为世界大城市中之佼佼者，其中尤以北京最为突出。自 1450 年到 1800 年间，除君士坦丁堡（今伊斯坦布尔）在 1650 年至 1700 年间一度领先外，北京一直是'世界之最'。北京当之无愧为世界上同时代城市规模最大，延续时间最长，布局最完整，建设最集中的封建都城。因此，北京也是世界同时期城市建设的最高成就"。[7]

1997 年，侯仁之在《试论元大都的规划设计》一文中指出："元大都城以湖泊为核心的城市规划，在我国历代国都建设中实属创举"，"使太液池和积水潭的广阔水域，在整个城市中占有如此重要的地位，这和

5. 梁思成. 北京——都市计划的无比杰作 [J]. 新观察, 1951. 2(7): 12.
6. Edmund N. Bacon. Design of Cities [M]. New York: The Viking Press, 1967: 232.
7. 吴良镛. 北京旧城与菊儿胡同 [M]. 北京: 中国建筑工业出版社, 1994: 5.

最初见于《周礼·考工记》'匠人营国'的理想设计相比较，可以说是一次重大的发展，俨然是体现了一种回归自然的思想，也就是道家所宣扬的'人法地，地法天，天法道，道法自然'的一种具体说明。这样就形成了自然山水与城市规划的相互结合"[8]。

前辈学者在对北京历史文化名城所具有的历史、艺术、科学价值予以高度评价之时，皆指出北京古代城市空间营造与天地自然环境存在深刻联系，这为进一步发掘北京历史文化价值指出了方向。

今天，我们已能清楚地看到：

（1）北京所代表的以天地自然环境为本体、整体生成的规划方法，是迥异于西方城市规划、最具东方文明特色的城市营造模式。

（2）北京古代城市规划体现了支撑人类在东亚地区独立起源的农业文化与文明持续不间断发展的最具基础性的知识体系与哲学观念。

（3）北京历史文化名城所体现的中华文明惊人的连续性与天人合一的中华智慧，对于克服工业革命之后人类面临的种种危机，修复天人关系，具有巨大的启迪价值。

不同于西方城市蔓延生长模式，北京所代表的以天地自然环境为本体、整体生成的东方城市营造模式，导源于中华先人固有之宇宙观，与中国古代农业文明息息相关。

种植农业之发生，意味着人类不但驯化了作物和动物，还准确掌握了时间，后者则以"辨方正位"（《周礼》）、"历象日月星辰"（《尚书》）为基本方法。

所谓"辨方正位"，即通过立表测影，以知东西南北，进而测定二

---

8. 侯仁之. 试论元大都城的规划设计 [J]. 城市规划，1997 (3): 10,12.

→图1 河南登封告成镇"周公测景台"石表。

相传三千多年前，周公在此用土圭测度日影，以求地中。现存纪念石表一座，为唐开元十一年（723）由太史监南宫说刻立，表南面刻"周公测景台"五字。

至二分（夏至、冬至、春分、秋分），得知一个回归年的时间长度。此乃最古老的正位定时方法（图1—图3）。人类学家发现，今东南亚马来群岛中部的婆罗洲原始部落，还在使用表杆和土圭这两种仪器测量日影长度（图4）。[9]

---

9. 李约瑟. 中国科学技术史：第四卷天学：第一分册 [M]. 北京：科学出版社，1975: 265.

↑图2 登封"观星台"

所谓"观星台"（明清两代之名），实为高台式圭表。天文学家郭守敬在元初对古代圭表进行改革，新创比传统"八尺之表"高出五倍的高表。"观星台"台体北侧砖砌凹槽直壁上置横梁，是为高表；凹槽向北平铺之石圭，又称"量天尺"，其上加置据针孔成像原理制成的景符，用以寻找表端横梁投入之影，当梁影平分日象时，即可度量日影长度。此为郭守敬所创高表制度仅存之实物。

→图3 清光绪三十一年(1905)
《钦定书经图说》刊印《夏至致
日图》。此图显示羲叔(《尚书·
尧典》所记主南方之官)在夏至
日用表杆和土圭测度日影。
来源:孙家鼐.钦定书经图说[M].
天津:天津古籍出版社,1997.

←图 4 婆罗洲某部落的两个人在夏至日使用表杆和土圭这两种仪器测量日影长度。

来源：李约瑟 . 中国科学技术史：第四卷天学：第一分册 [M]. 北京：科学出版社，1975.

《周礼·考工记》记载了立表测影之法："匠人建国。水地以县 [10]，置槷以县，视以景 [11]。为规，识日出之景与日入之景。昼参诸日中之景，夜考之极星，以正朝夕。" [12] 其中的槷，即观测日影用的表杆；规，即以表杆基点为中心在地上画出的圆。太阳东升时，表杆之影与圆有一个交点；太阳西落时，表杆之影与圆又有一个交点；将两点连接，即得正东正西之线；将此线中心点与表杆基点连接，即得正南正北之线。夜里，再通过望筒观察北极星，测定北极枢，可进一步核准方位（图 5，图 6）。

---

10. 县，同"悬"，后文同。

11. 景，同"影"，后文同。

12. 周礼注疏：卷四十一：匠人 [M]// 十三经注疏：第 2 册 . 清嘉庆刊本 . 北京：中华书局，2009: 2005.

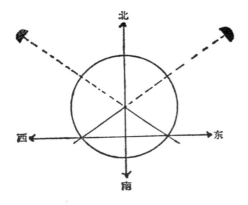

←图 5 《周礼·考工记》"以正朝夕"
示意图
来源：中国天文学史整理研究小组.中国
天文学史 [M]. 北京：科学出版社，1981.

→图 6 李诫著《营造法式》刊印之景表版、
望筒
来源：李诫. 营造法式：第五卷 [M]. 北京：中
国建筑工业出版社，2006.

景表版为中立槷表之圆版，望筒为测
定北极枢的仪器，其使用遵从《周礼·考
工记》"匠人建国"之法。

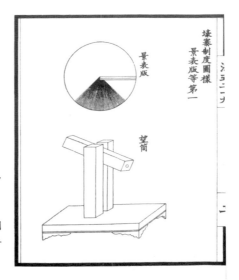

在这套观测体系中，"槷"与"规"共同组成了"中"字之形，这正是汉语"中"字所象之形（图 7），[13] 这对中国建筑乃至城市以轴线对称的"中"字形布局产生了决定性影响。

南北子午线，在正位定时活动中，是最为重要的观测轴。中华先人正是通过在这条子午线上，立表观测正午时分日影消长之变化，得知一个回归年的准确时间，并掌握夏至、冬至、春分、秋分四个重要时间节点，进而确立一年二十四节气以指导农业生产。

通过立表测影，可以发现，夏至正午日影最短，靠南；冬至正午日影最长，靠北；春分太阳正东而起，正西而落；秋分亦然。这时，子午线南北两端正可表示夏至、冬至；卯酉线东西两端，正可表示春分、秋分。[14]

初昏时，北斗斗柄的不同指向，也向人们提示着春、夏、秋、冬四时之更迭。成书于战国时期的《鹖冠子·环流》载："斗柄东指，天下皆春；斗柄南指，天下皆夏；斗柄西指，天下皆秋；斗柄北指，天下皆冬。"[15] 成书于西汉的《淮南子·天文训》记载了初昏时观测斗柄指向以确定二十四节气之法，其中包括斗柄指子则冬至，指卯则春分，指午则夏至，指酉则秋分。[16] 在北斗建时观测体系中，子午卯酉亦对应二至二分。子午线与卯酉线这两条重要的观测轴即"二绳"（图 8—图 12）。[17]

通过平面分析可知，北京明清旧城之卯酉线，即日坛与月坛连接线，

13. 萧良琼. 卜辞中的"立中"与商代的圭表测景 [G]// 科技史文集：第 10 辑. 上海：上海科学技术出版社，1983:27-29; 冯时. 中国古代的天文与人文 [M]. 修订版. 北京：中国社会科学出版社，2006: 9-10.
14. 冯时. 中国古代的天文与人文 [M]. 修订版. 北京：中国社会科学出版社，2006:39.
15. 鹖冠子：卷上 [M]// 影印文渊阁四库全书：第 848 册. 台北：台湾商务印书馆，1986:209.
16. 淮南鸿烈解：卷三 [M]// 影印文渊阁四库全书：第 848 册. 台北：台湾商务印书馆，1986: 534-535.
17. 淮南鸿烈解：卷三 [M]// 影印文渊阁四库全书：第 848 册. 台北：台湾商务印书馆，1986:533.

↑图7 甲骨文的"中"字
来源：王本兴．甲骨文字典 [M]．修订版．北京：
北京工艺美术出版社，2014.

萧良琼在《卜辞中的"立中"与商代的主表测景》一文中综合诸家解释指出："中"字的结构是象征着一根插入地下的杆子（杆上或带斿），一端垂直在四四方方的一块地面当中。从它的空间位置来说，从上到下，垂直立着，处于地上和地下之间，所以又有从上到下的顺序里上、中、下的中的含义。同时，它又立在一块四方或圆形的地面的等距离的中心点上。

萧良琼进而论证，"中"是一种最古老最原始的天文仪器——测影之表；杆上所附带状物，在无风的晴天，可测察杆子是否垂直（《周礼·考工记》贾公彦疏："欲须柱正，当以绳县而垂之于柱之四角四中。以八绳县之，其绳皆附柱，则其柱正矣。"[18]），再以杆子为中心坐标点，作圆形或作一个方形，使它的每一边表示一个方向。这些都是主表测景法最简单而形象的反映。[19]

冯时在《中国古代的天文与人文》一书中对表杆附带状物的字形进行考证，指出此乃古人立表必与建旗共行的古老做法的客观反映，古聚众必表、旗共建，建旗聚众则需立表计时，立表与建旗密不可分，表上饰斿的做法暗寓了古人用事必表、旗并设的事实。[20]

18. 周礼注疏：卷四十一：匠人 [M]// 十三经注疏：第 2 册．清嘉庆刊本．北京：中华书局，2009: 2005.
19. 萧良琼．卜辞中的"立中"与商代的主表测景 [G]// 科技史文集：第 10 辑．上海：上海科学技术出版社，1983: 27-44.
20. 冯时．中国古代的天文与人文 [M]．修订版．北京：中国社会科学出版社，2006: 22-25.

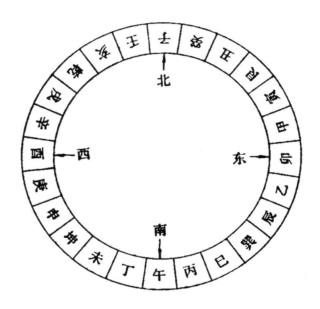

↑图 8　二十四山地平方位图。由八天干、十二地支、四维经卦表示二十四
个方位，形成北斗指示二十四节气之"刻度"。
来源：中国天文学史整理研究小组. 中国天文学史 [M]. 北京：科学出版社，
1981.

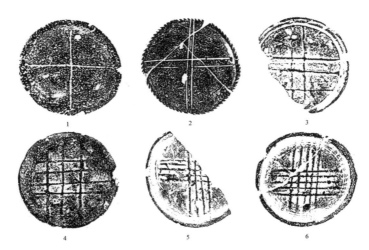

（1）二绳图像；（2）—（6）积绳而成"亞"形图像

↑图9　新石器时代之二绳刻符及积绳渐成的"亞"形图像（安徽蚌埠双墩出土，距今7000年）。

来源：冯时. 中国古代物质文化史•天文历法 [M]. 北京：开明出版社, 2013.

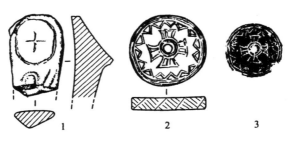

（1）鼎足；（2）（3）纺轮

↑图10　河姆渡文化（约公元前5000—前3300年）陶器上的十字纹

来源：冯时. 中国古代的天文与人文 [M]. 修订版. 北京：中国社会科学出版社, 2006.

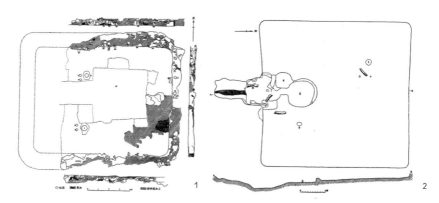

（1）为第 1 号大长方形房址平面、侧面图；（2）为第 21 号方形房址平面、侧面图。考古资料显示，相当一批新石器时代的房屋和墓穴已有明确的朝向，只有掌握了立表测影之法，才能如此精准地规划方位。

↑图 11 西安半坡遗址（距今六千多年）出现正南正北朝向的房屋基址。

来源：中国科学院考古研究所. 西安半坡 [M]. 北京：文物出版社，1963.

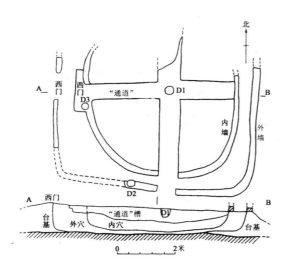

←图 12 河南杞县鹿台岗礼制建筑十字遗迹（公元前第二千纪龙山文化时代）

来源：冯时. 中国古代的天文与人文 [M]. 修订版. 北京：中国社会科学出版社，2006.

正与春分、秋分对应——明清两朝，春分行日坛之祭，迎日于东；秋分行月坛之祭，迎月于西。北京明清旧城永定门至钟鼓楼子午线（即城市南北中轴线）两端左近，是冬至祭天以迎长日之至的天坛，夏至祭地以祈年谷顺成的地坛。[21] 子午线与卯酉线交会于紫禁城三大殿区域，[22] 象征该区域乃立表之位，正与太和殿"建极绥猷"匾、中和殿"允执厥中"匾、保和殿"皇建有极"匾（皆乾隆御笔）之真义一致（图 13—图 16）。[23]

"建极"即《尚书·洪范》所言"建用皇极"，可以解释为建立最高原则；"允执厥中"语出伪古文《尚书·大禹谟》"人心惟危，道心惟微，惟精惟一，允执厥中"，可以解释为忠实地执行正确原则；"皇建有极"语出《尚书·洪范》"皇建其有极"，可以解释为天子应当建立至高无上的原则。

但究其本源，"建用皇极""允执厥中""皇建有极"，皆立表正位定时之意。

关于"建用皇极"，伪孔《传》曰："皇，大；极，中也。凡立事，当用大中之道"[24]；关于"皇建其有极"，伪孔《传》曰："大中之道，大立其有中，谓行九畴之义"[25]。显然，"建用皇极""皇建有极"即"立中"。甲骨文卜辞常见"立中"之贞，意即立表正位定时。[26]

21.〔唐〕贾公彦《周礼》疏云："礼天神必于冬至、礼地祇必于夏至之日者，以天是阳、地是阴，冬至一阳生、夏至一阴生，是以还于阳生、阴生之日祭之也。"语见：周礼注疏：卷二十二：大司乐 [M]//十三经注疏：第 2 册.清嘉庆刊本.北京：中华书局，2009：1706.

22.在百度卫星图上，将日坛平面中心与月坛平面中心连线显示，该连接线与城市南北中轴线交会于太和殿前广场。

23.现悬三匾为复制品。

24.尚书正义：卷十二：洪范 [M]//十三经注疏：第 1 册.清嘉庆刊本.北京：中华书局，2009：398.

25.尚书正义：卷十二：洪范 [M]//十三经注疏：第 1 册.清嘉庆刊本.北京：中华书局，2009：402.

26.萧良琼.卜辞中的"立中"与商代的圭表测景 [G]//科技史文集：第 10 辑.上海：上海科学技术出版社，1983：27-38；冯时.中国古代的天文与人文 [M].修订版.北京：中国社会科学出版社，2006：9,245；冯时.陶寺圭表及相关问题研究 [J].考古学集刊：第 19 卷.北京：科学出版社，2013：27-58.

子
冬至

酉
秋分

卯
春分

午
夏至

↑图13 北京明清旧城子午、卯酉线分析图
作者遵五行之色而绘。底图来源：刘敦桢. 中国古代建筑史 [M]. 北京：中国建筑工业出版社，1980.

此种空间布局，如〔东汉〕班固《两都赋》所言"其宫室也，体象乎天地，经纬乎阴阳"[27]，是中国古代因天文而人文之世界观的经典体现，其所提示的观象授时体系，直通农业文明原点。

---

27. 范晔. 后汉书：卷四十上：班彪列传第三十上 [M]. 北京：中华书局，1965：1340.

↑ 图 14　太和殿"建极绥猷"匾

↑ 图 15 中和殿"允执厥中"匾

↑图 16 保和殿"皇建有极"匾

这样，就能准确理解"允执厥中"了。忠实地掌握"中"这个立表测影之法，才是建立最高原则的根本，如不能正位定时，则无农耕可言。

北京现存天、地、日、月坛格局，形成于明嘉靖九年（1530）。太和殿明初称"奉天殿"，明嘉靖四十一年（1562）重建更名为"皇极殿"，它与同年重建并更名之"中极殿"（明初称"华盖殿"，清初改称"中和殿"）、建极殿（明初称"谨身殿"，清初改称"保和殿"），更直白地标示了其在子午与卯酉"二绳"交午之中心"建用皇极"之意。

"绥猷"语出伪古文《尚书·汤诰》"克绥厥猷惟后"。伪孔《传》曰："能安立其道教，则惟为君之道。"[28] 意即惟天子推行教化之治。"建极绥猷"道明了天子沟通天人之职。对农业时间的掌握关系社稷安危，谁能够告诉人民时间，提供此种生死攸关的公共服务，谁就能够获得权力，推行教化之治。

对农业时间更为直观和精细的掌握，则需通过"历象日月星辰"，即夜观星象来实现。浩渺太空群星灿烂，其中的北极、北斗和位于太阳视运动轨迹（黄道）及天球赤道一带的 28 个星座，即二十八宿，为先人观测天文，确定农业时间，提供了理想坐标。

中国大部分国土位于北半球中纬度地区，仰望星空，人们会发现以北极为轴，天旋地转。为便于观测，先人以春季初昏时的天象为依据，将二十八宿分成四份，称四宫、四象或四陆，按地平方位名之为"东宫苍龙""西宫白虎""南宫朱雀""北宫玄武"，它们与北斗"拴系"，

---

28. 尚书正义：卷八：汤诰 [M]// 十三经注疏：第 1 册．清嘉庆刊本．北京：中华书局，2009:342.

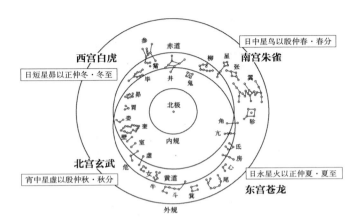

西宫白虎

日短星昴以正仲冬·冬至

南宫朱雀

日中星鸟以殷仲春·春分

北宫玄武

宵中星虚以殷仲秋·秋分

东宫苍龙

日永星火以正仲夏·夏至

北极

内规

外规

赤道

黄道

↑图17 《尚书·尧典》以昏中天星象测二至二分示意图

底图来源：冯时.中国天文考古学[M].北京：中国社会科学出版社,2010.

据《尚书·尧典》记载，初昏时，南宫朱雀之星宿行至南中天位置，昼夜平分，则是春分；东宫苍龙之心宿（心宿二亦称"大火"星）行至南中天位置，白昼最长，则是夏至；北宫玄武之虚宿行至南中天位置，昼夜平分，则是秋分；西宫白虎之昴宿行至南中天位置，白昼最短，则是冬至。1927年，竺可桢在《科学》杂志发表《论以岁差定〈尚书·尧典〉四仲中星之年代》，通过推算得出结论："《尧典》四仲中星，盖殷末周初之现象也。"[29]

再与北极对应，因地球的自转和公转，周天运行，成为观象授时的坐标体系。在日落或日出之时，观测二十八宿及北斗的运行位置，便可获得重要的时间节点，为农业生产服务（图17，图18）。

29.竺可桢.论以岁差定《尚书·尧典》四仲中星之年代[M]//竺可桢文集.北京：科学出版社，1979:107.

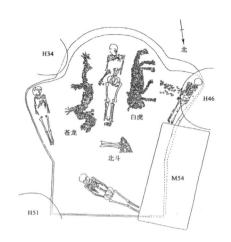

→图 18　河南濮阳西水坡 45 号墓平
面图

来源：冯时 . 河南濮阳西水坡 45 号
墓的天文学研究 [J]. 文物，1990(3).

　　1987 年，考古工作者在河南濮阳西水坡，发掘出土了六千五百多年前仰韶文化
早期 3 组蚌塑龙虎图案。其中，45 号墓的墓主人东西两侧，各布有蚌壳摆塑的一龙
一虎，墓主人北侧布有蚌塑三角形图案，图案东侧横置两根人的胫骨。

　　冯时考证，蚌塑三角图案和两根人胫骨是北斗图象，胫骨为斗杓，会于龙首；
蚌塑三角图案为斗魁，枕于西方。全部构图与真实天象完全吻合。45 号墓穴形状与
成书于公元前后的《周髀算经》中七衡图的春秋分日道、冬至日道和阳光照射界限
相合，向人们说明了古人所理解的天圆地方宇宙模式、昼夜长短的更替、春秋分日
的标准天象以及太阳周日和周年视运动轨迹等一整套古老的宇宙理论。[30]

　　此前，《中国科学技术史》作者李约瑟认为，《周髀算经》七衡图简直是古巴
比伦希尔普菉特三环图泥板的再现，后者约属公元前十四世纪，它们描述了一种
最古老的宇宙学说。[31] 冯时的论证表明，古巴比伦的三环图并不"古老"，西水坡
45 号墓比它早了三千多年。

　　二十八宿是否起源于中国，从十九世纪初便有争论。[32] 西水坡考古发现与冯时
的论证，为这场漫长的争论给出答案，也对二十世纪二十年代以来的中华文明西来
说形成否定。

---

30. 冯时 . 河南濮阳西水坡 45 号墓的天文学研究 [J]. 文物，1990(3): 52-60.

31. 李约瑟 . 中国科学技术史：第 4 卷天学：第 1 分册 [M]. 北京：科学出版社，1975: 195-196.

32. 竺可桢 . 二十八宿起源之时代与地点 [M]// 竺可桢文集 . 北京：科学出版社，1979:237-238; 夏鼐 . 从
宣化辽墓的星图论二十八宿和黄道十二宫 [M]// 夏鼐文集：中 . 北京：社会科学文献出版社，2000:
398.

　　二十八宿绕北极，北斗健行其间，银河从中穿越，春夏秋冬、阴阳五行与之相应，这是古人所理解的天道。敬天信仰由是而生，对中国建筑与城市布局产生深刻影响，风水理论所谓左青龙、右白虎、前朱雀、后玄武，[33] 实为敬天信仰之投影；象天法地，与自然环境整体生成的营造观念由是而生，[34] 这在北京古代空间环境规划中有着经典体现。

　　《日下旧闻考》载："北京青龙水为白河，出密云南流至通州城。白虎水为玉河，出玉泉山，经大内，出都城，注通惠河，与白河合。朱雀水为卢沟河，出大同桑乾，入宛平界，出卢沟桥。元武水为湿余、高梁、黄花镇川、榆河，俱绕京师之北，而东与白河合。"[35]

　　元大都将积水潭纳入城中，与太液池、金水河环绕宫城，则是"道高梁而北汇，堰金水而南萦，俨银汉之昭回"[36]，是对银河穿越天际之效法。明改建元大都，将宫城南移，掘南海，水面一并南移，在城市中轴线东西两侧的外金水河，筑牛郎桥、织女桥，以象"天汉起东方箕尾间"[37]，牛郎星、织女星分列银河两岸，与天象保持一致（图 19）。

33."风水"二字始见旧题〔晋〕郭璞《葬书》，氏著有言："夫葬以左为青龙，右为白虎，前为朱雀，后为玄武。"语见：四库术数类丛书（六）[M].上海：上海古籍出版社，1991：29.

34.风水理论以青龙、白虎、朱雀、玄武之象征物（多取意山水），对建筑或城市形成围合之势，构成摆在大地上的二十八宿绕北极之星图。河南濮阳西水坡 45 号墓是目前已知此类星图之最早实物。今人知其所以，不难将此种空间遗产视为农业文明发祥之"纪念碑"。毋庸讳言，风水理论衍生了诸多被现代科学视为"迷信"的文化现象，但正本清源，其产生及其背后的阴阳哲学，皆与直接服务于农业生产的观象授时相关。《史记·太史公自序》记司马谈论六家要旨："尝窃观阴阳之术，大祥而众忌讳，使人拘而多所畏；然其序四时之大顺，不可失也。"（司马迁.史记：卷一百三十：太史公自序第七十 [M].北京：中华书局，1959：3289.）可谓切中肯綮。

35.于敏中，等.日下旧闻考：第 1 册 [M].北京：北京古籍出版社，1983：81.

36.李洧孙.大都赋并序 [M]//日下旧闻考：第 1 册.北京：北京古籍出版社，1983：89.

37.语见：郑樵.通志·天文略 [M].杭州：浙江古籍出版社，2000：538；又见《晋书·天文志上》："天汉起东方，经尾箕之间，谓之汉津。"载于：晋书·天文志：上 [G]//历代天文律历等志汇编（一）.北京：中华书局，1975：193.北京所在幽燕之地，在古代星土分野中，与析木之次相配。析木之次位于东宫苍龙之尾、箕二宿，银河穿越其间。

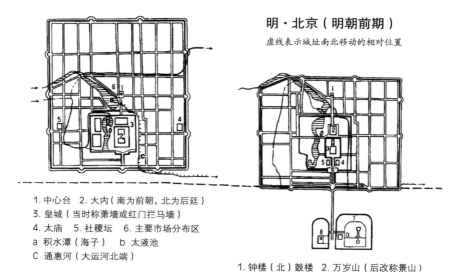

明·北京（明朝前期）

虚线表示城址南北移动的相对位置

1. 中心台 2. 大内（南为前朝，北为后廷）
3. 皇城（当时称萧墙或红门拦马墙）
4. 太庙 5. 社稷坛 6. 主要市场分布区
a 积水潭（海子） b 太液池
C 通惠河（大运河北端）

元·大都

1. 钟楼（北）鼓楼 2. 万岁山（后改称景山）
3. 紫禁城 4. 太庙 5. 社稷坛
6. 承天门（后改称天安门） 7. 天坛
8. 山川坛（后改称先农坛）

↑图 19 元大都、明朝前期北京城水系位置图
来源：侯仁之 . 侯仁之文集 [M]. 北京：北京大学出版社，1998.

在城市整体空间安排上，宫城所居之位，则与中天北极对应，正如孔子所言："为政以德，譬如北辰，居其所而众星共 [38] 之。" [39] 这时，太和殿乾隆御笔之"建极"，又可解释为建立与北极相对应的最高准则，清楚地表明，"历象日月星辰"与"辨方正位"，同样是"敬授人时"（《尚书》）的根本方法，太和殿作为最高权力所在，必然是"置槷以县"所在，亦必然是"众星共之"所在。

虽然北京的中轴线略呈西北与东南走向，或与古人所宗奉之"亥龙宜作巽向" [40] 相关，但它与日、月坛卯酉线于紫禁城三大殿区域交会，彰显三大殿居中而治。此种空间布局所提示的古代天文观测体系，正是中华先人创立农业文明必须掌握的基础性知识。作为中国"中"字形城市的杰出代表和伟大结晶，北京旧城空间营造之理念，直溯中华文明原点，显示了惊人的文化连续性。这是判定北京历史文化价值之时，必须高度重视的方面。

38. 共，同"拱"。

39. 论语注疏：卷二：为政第二 [M]// 十三经注疏：第 5 册．清嘉庆刊本．北京：中华书局，2009：5346.

40. 何溥．灵城精义：卷下 [M]// 四库术数类丛书（六）．上海：上海古籍出版社，1991：148.

二、主流文化的包容性与适应性

北京旧城空间格局及其内蕴的营造思想，体现了统一多民族国家形成过程中，主流文化海纳百川、一以贯之的高度包容性与适应性

　　位于环渤海地区的北京，是农耕文化与北方游牧文化、渔猎文化的接合部，多元文化在这里碰撞交融，不但孕育了中华早期文明，还伴随着夏商周王国、秦汉帝国的建立，推动了中华古代文化与文明"从文化多元一体到国家一统多元"的纵深发展。

　　张忠培在《我认识的环渤海考古》一文中指出，居住在环渤海地区的中华民族的祖先，也如生活在其他中国土地上我们的先辈那样，经历了曲折的历史道路，创造了辉煌灿烂的文化与文明，至秦汉时期，终于融汇于汉族为主体的中华民族的文化与文明之中，使秦汉帝国成为与西方罗马并峙的屹立于亚洲东方的另一帝国。环渤海地区自新石器时代到秦汉帝国，经历的是一条"从文化多元一体到国家一统多元"的发展道路。"文化多元一体"指的是考古学文化的文化多元一体；"国家一统多元"指的是统一国家内的多元考古学文化，它们遵循"传承、吸收、融合、创新"这一文化演进规律向前发展。从文化多元一体的环渤海，到环渤海地区成为周王国及至发展为秦汉帝国之有机组成部分，这既是华夏族或汉族为主体的中华民族及其国家形成的部分历史，也是这部华夏族或汉族为主体的中华民族及其国家形成史的一个缩影。[41]

---

41. 张忠培. 我认识的环渤海考古——在中国考古学会第十五次年会上的讲话 [J]. 考古, 2013(9): 100, 103.

张忠培的论述，为我们从中华文明产生与发展的宏大视野认识北京历史文化价值指出了方向。

侯仁之在《北京城的兴起》一文中论述，远在旧石器时代，从早期的"北京猿人"或简称"北京人"，一直到晚期的"山顶洞人"，也就是大约从七十万年前下至一万数千年前，都有古代人类繁衍生息在北京小平原西侧的沿山洞穴里。到了大约一万年前，也就是新石器时代的开始，由于原始农作物的栽培技术逐渐得到发展，人类才从山中下到平原，开始建立起原始的农村聚落。[42]

侯仁之在《论北京建城之始》一文中特别指出，在北京原始聚落上建立的蓟国，其所在位置既是古代直通中原的南北大道的北方终点，又是分道北上以入山后地区的起点，实为南北交通的枢纽。[43] 而北京北部的燕山山脉，正是农耕文化与游牧文化的分水岭。

在过去较长一段时期，中国只有不到四千年文明史的考古学证据。有人以为，中国文明的形成晚于埃及那样的古代文明国家，甚至有些人还认为中国古代文明是西方文明传播的产物，造成不少误解。1983年，考古工作者在辽宁省建平县牛河梁发现距今五千年的红山文化晚期重要遗迹，包括女神庙遗址和由三重圆坛与三重方坛组成的大型祭祀遗址，说明当时已产生植根于公社又凌驾于公社之上的高一级社会组织。中华五千年文明得一实证。

牛河梁与北京皆位于燕山南北长城地带。苏秉琦在《中国文明起源新探》一书中指出，以燕山南北长城地带为重心的北方，是中国考古学

---

42. 侯仁之.北京城的兴起——再论与北京建城有关的历史地理问题 [M]// 侯仁之文集. 北京：北京大学出版社，1998：41.
43. 侯仁之.论北京建城之始 [M]// 侯仁之文集. 北京：北京大学出版社，1998：39.

文化六大区系之一。对燕山南北长城一带进行区系类型分析，使我们掌握了解开这一地区古代文化发展脉络的手段，从而找到了连结中国中原与欧亚大陆北部广大草原地区的中间环节，认识到这一地区在中国古文明缔造史上的特殊地位和作用。中国统一多民族国家形成的一连串问题，似乎最集中地反映在这里，不仅秦以前如此，就是以后，从南北朝到辽、金、元、明、清，许多"重头戏"都是在这个舞台上演出的。[44]

苏秉琦所言"重头戏"，皆以农耕文化与北方游牧文化、渔猎文化的碰撞交融为主题，北京是这一幕幕历史大戏的中心舞台，主旋律正是"传承、吸收、融合、创新"。有容乃大是中华文化的主流。藏传佛教在元代传入汉地之后，以北京为中枢传播，推动了汉族、藏族、蒙古族、满族的大融合，使"国家一统多元"达到一个新高度。北京古代建筑与城市遗存，为这一宏大历史的持续、纵深发展，提供了宝贵见证。

（一）贯通五千年文明史的天地观念与设计方法

红山文化牛河梁圜丘、方丘与北京明清天坛、地坛，形制上高度一致，代表了贯通古今的天地观念及由此衍生的空间设计方法，高度诠释了五千年不间断的文明史

冯时在《红山文化三环石坛的天文学研究——兼论中国最早的圜丘与方丘》一文中指出，牛河梁祭祀遗址的圆坛与方坛，是中国已发现的

---

44. 苏秉琦. 中国文明起源新探 [M]. 北京：人民出版社，2013: 35.

↑图 20 红山文化牛河梁大型祭祀遗址鸟瞰，祭天圜丘、祭地方丘清晰可见。
来源：良渚博物院展示图片

最早的祭天圜丘与祭地方丘，是古代天圆地方宇宙模式的象征，其形制与北京明清两朝的天坛与地坛呼应，是五千年前"规矩"的重现（图20—图 22）。[45]

冯时在《中国古代的天文与人文》一书中进一步分析指出，正方形外接圆的直径恰是同一正方形内切圆直径（等于正方形边长）的 $\sqrt{2}$ 倍，如果连续使用这种方法，并省略方图，便可得到牛河梁圜丘的三环图形；牛河梁方丘，由内向外三个正方形的原始长度都是 9 的整数倍，是以内方为基本单位逐步扩充的结果，方丘的设计正是利用了古人对勾股

45. 冯时. 红山文化三环石坛的天文学研究——兼论中国最早的圜丘与方丘 [J]. 北方文物，1993(1)：9-17.

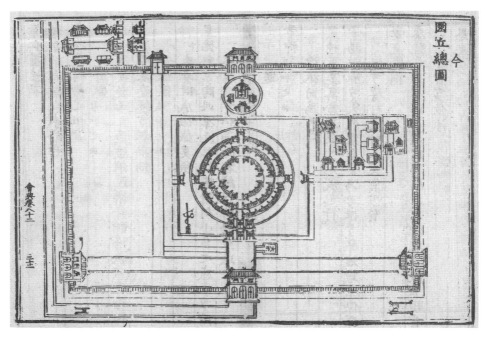

↑ 图 21 《大明会典》载北京天坛圜丘图

来源：李东阳，申时行.大明会典：第三卷 [M].台北：新文丰出版公司，1976.

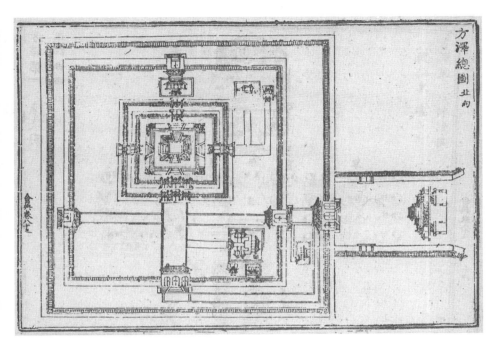

↑ 图 22 《大明会典》载北京地坛（方泽）图
来源：李东阳，申时行. 大明会典：第三卷 [M]. 台北：新文丰出版公司，1976.

定理加以证明的"弦图"的基本图形，也就是九九标准方图。[46]

　　冯时的论证，极大丰富了人们对牛河梁所代表的五千年前中华先人文明水平的认识。《周髀算经》《营造法式》载有"正方形＋外接圆"天圆地方宇宙图形，其天圆之径与地方之边正形成$\sqrt{2}$比值，与牛河梁圜丘一致，此乃中国古代建筑平面与立面构图惯用之经典比例[47]，对此，古代匠人手执规矩便可掌控，天地交泰、阴阳和合的哲学理念尽在其中，五千年一以贯之（图23—图32）。

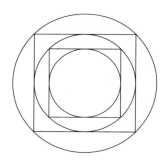

↑ 图 23　冯时作红山文化圜丘图形分析
来源：冯时 . 中国古代的天文与人文 [M]. 修订版 . 北京：中国社会科学出版社，2006.

---

46. 冯时 . 中国古代的天文与人文 [M]. 修订版 . 北京：中国社会科学出版社，2006: 292-336.

47. 王贵祥对唐宋建筑在立面与平面设计中存在的$\sqrt{2}$比例关系作了深入揭示，并指出方圆关系涉及古代中国人的宇宙观念，具有相当的广延性。详见：王贵祥 . $\sqrt{2}$与唐宋建筑柱檐关系 [G]. 建筑历史与理论 (3, 4). 南京：江苏人民出版社，1984: 137-144; 王贵祥 . 唐宋单檐木构建筑平面与立面比例规律的探讨 [J]. 北京建筑工程学院学报，1989(2): 49-70; 王贵祥 . 唐宋单檐木构建筑比例探析 [C]. 第一届中国建筑史学国际研究讨论会论文选辑，1998: 226-247. 日本学者小野胜年 1964 年在中国科学院考古研究所演讲时介绍，日本飞鸟、奈良时代寺院建筑的平面设计存在$\sqrt{2}$:1 关系，可能受到唐朝的影响。详见：小野胜年 . 日唐文化关系中的诸问题 [J]. 考古，1964(12): 619-628. 清华大学王南博士在近期研究中发现，在单体建筑、建筑群布局、园林、城市规划、器物造型等方面，古代匠人皆通用$\sqrt{2}$:1 之法，其相关研究成果即将发表。

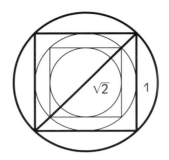

↑图 24　"天地阴阳合"分析图。$\sqrt{2}$:1，堪称"天地之和"比。
作者据冯时论述增绘

方圆相涵之图堪称"天地阴阳合图"。在中国古代文化语境中，方为地，圆为天，分属阴阳；方圆合即天地合、阴阳合，"阴阳和合而万物生"[48]。在天圆地方图式中，天圆之径与地方之边形成的$\sqrt{2}$:1，堪称"天地之和"比。

↑图 25　山东嘉祥武梁祠画像石中的伏羲女娲
来源：巴黎大学北京汉学研究所 . 汉代画像全集：二编 [M]. 上海：上海商务印书馆，1951.

汉代流行人首蛇身交尾之伏羲、女娲像，常见伏羲、女娲各执"图画天地"[49]之规矩（"规"即圆规，"矩"即直角曲尺），表现阴阳交合。阴阳哲学是中华先人对

48. 淮南鸿烈解：卷三 [M]// 影印文渊阁四库全书：第 848 册 . 台北：台湾商务印书馆，1986：537.
49. "图画天地"见〔东汉〕王延寿《鲁灵光殿赋》："图画天地，品类群生；杂物奇怪，山神海灵；写载其状，讬之丹青；千变万化，事各缪形；随色象类，曲得其情；上纪开辟，遂古之初；五龙比翼，人皇九头；伏羲鳞身，女娲蛇躯"。伏羲女娲手执规矩，表现方圆天地阴阳，正是"图画天地，品类群生"。
参阅：王延寿 . 鲁灵光殿赋 [M] // 萧统 . 文选：卷十一 . 北京：中华书局，1977：171.

万物生养之总解释，乃中华文化之根柢。匠人手执规矩，亦如伏羲、女娲，秉持天地阴阳之道。在中国古代文化语境中，规画圆，圆为天，天属阳；矩画方，方为地，地属阴；"规矩→方圆→天地→阴阳"遂成一大系，由表及里地定义了中国古代建筑空间的形态与意义。小野胜年[50]1964年在中国科学院考古研究所介绍日本飞鸟、奈良时代寺院建筑平面设计存在$\sqrt{2}$:1关系时说，日本木匠所用的曲尺（即矩尺，日本称里尺），其刻度和普通尺的刻度有$\sqrt{2}$:1关系，"有关曲尺的图，在汉的画像石里也可以看到，因此我相信中国也有过这种尺的分划法"。在日本寺院建筑平面设计中发现$\sqrt{2}$:1关系，"可以首先想到是受唐朝的影响"[51]。查《鲁班经匠家镜》载"鲁般[52]尺乃有曲尺一尺四寸四分"[53]，即普通曲尺与匠人所用鲁般尺（亦称鲁般真尺）刻度之比为 1.44:1，约$\sqrt{2}$:1。小野胜年推断无误。

←图 26 宋嘉定六年本《周髀算经》所载圆方图、方圆图，为天圆地方之两种图式。

来源：宋刻算经六种 [M]. 北京：文物出版社，1981.

古代匠人以规画圆，以矩画方，"规天矩地，授时顺乡"[54]，天地阴阳之道存焉。此乃《周髀算经》"万物周事而圆方用焉，大匠造制而规矩设焉"之真义。及至清光绪十九年（1893），末代"样式雷"雷廷昌有言："样式房之差，五行八作之首，案[55]规矩、例制之法绘图、烫样。"[56]足见规矩之法通贯古代营造，乃断度寻尺之本，匠人奉为圭臬，恪守不渝。

50. 小野胜年，日本考古学家，中国古代文化史及古代日中关系史研究专家，生于1905年，逝于1988年，1964年应中国科学院哲学社会科学部邀请访问中国，时供职于日本国立奈良博物馆。

51. 小野胜年. 日唐文化关系中的诸问题 [J]. 考古，1964(12): 619-628.

52. 即鲁班，后文同。

53. 新镌京版工师雕斫正式鲁班经匠家镜 [M]. 海口：海南出版社，2003: 39.

54. 张衡. 东京赋 [M]// 萧统. 文选：卷三. 北京：中华书局，1977: 56.

55. 案，同"按"。

56. 故宫博物院. 营造之道——紫禁城建筑艺术展，2015.

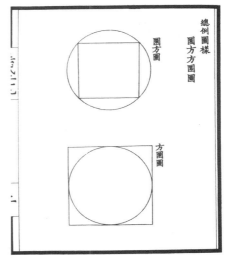

→图 27 〔宋〕李诫著《营造法式》刊印之第一图"圜方方圜图"
来源：李诫．营造法式：第五卷 [M]．北京：中国建筑工业出版社，2006.

此乃《礼记·礼运》所记"故圣人作则，必以天地为本，以阴阳为端"[57] 之明证。中国古代建筑根植于天地阴阳之道，盖无疑也。与牛河梁祭天圜丘一脉相承，天圜地方之两种图式为建筑设计提供了最基本的比例关系。在圜方图中，圆之径（等于方之对角线长，即方之斜长）与方之边呈 $\sqrt{2}$:1 关系；在方圜图中，方之斜（对角线）与圆之径（等于方之边长）亦呈 $\sqrt{2}$:1 关系。李诫称旧例以"方五斜七"名此比例，疎略颇多（7/5=1.4，近似 $\sqrt{2}$ /1 ≈ 1.414，不够精确），遂按《九章算经》及约斜长等密率，定为"方一百，其斜一百四十有一"（141/100=1.41）或"圆径内取方，一百中得七十有一"（100/71 ≈ 1.408），[58] 是为更精确的 $\sqrt{2}$ 与 1 之比。

57. 礼记正义：卷二十二：礼运 [M]// 十三经注疏：第 3 册．清嘉庆刊本．北京：中华书局，2009：3084.
58. 李诫．营造法式 [M]．陶本影印本．北京：中国书店，2006：22.

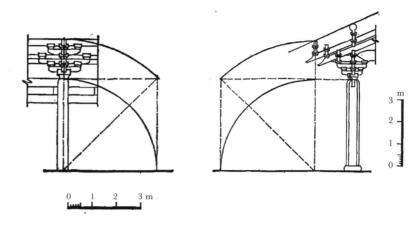

↑ 图 28 王贵祥作五台唐代南禅寺大殿（左）、宁波宋代保国寺大殿（右）檐柱比例图，显示檐高与柱高之比为√2 :1。
来源：王贵祥. √2 与唐宋建筑柱檐关系 [G]// 建筑历史与理论 (3, 4). 南京：江苏人民出版社，1984.

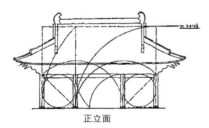

正立面

比例说明：柱高 / 次间广 = 1
　　　　　心间广 / 次间广 = √2
　　　　　心间广 / 柱高 = √2
　　　　　通间广 / （心间广 + 次间广） = √2
　　　　　心间广 + 次间广 = 脊槫下皮高（由柱础顶围计）

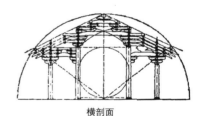

横剖面

比例说明：内柱高 / 内柱距离 = 1
　　　　　中平槫上皮高 / 内柱高 = √2
　　　　　脊槫上皮标高 = 地面中点至前后
　　　　　撩檐方上皮距离

↑ 图 29 王贵祥作福州五代华林寺大殿比例分析图，显示√2 :1 为建筑正立面、横剖面构图之基本比例。
来源：王贵祥. 唐宋单檐木构建筑平面与立面比例规律的探讨 [J]. 北京建筑工程学院学报 ,1989.(2).

→图30 辽代独乐寺观音阁总面阔与总进深之比
约√2:1。
底图来源：陈明达.独乐寺观音阁、山门的大木
作制度：上 [G]// 建筑史论文集：第 15 辑.北京：
清华大学出版社，2002.

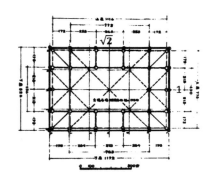

陈明达研究指出，观音阁下屋总面广 1172
分°，总进深 826 分°，长宽比 141.9:100，
各层平面总长宽比均近于√2:1 或 3:2，可
以认为这是当时五间八椽殿堂设计惯用
之比例。[59]

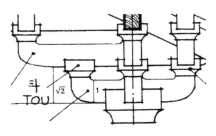

←图31 《营造法式》斗栱足材广 21 分°，单材广
15 分°，呈 7:5 关系，此乃"方五斜七"语境下的
√2:1。
底图来源：Liang Ssu-ch'eng. A Pictorial History
of Chinese Architecture[M]. Cambridge: The MIT
Press, 1984.

张十庆研究指出，基于传统数理背景的特
定比例关系，如方五斜七率，是影响古代
比例设计的一个重要因素，涉及古代建筑
尺度比例设计的诸多方面。例如：足材为
单材方形的斜长（宋式），单材为斗口方
形的斜长（清式），斗长为斗高方形的斜
长（宋清式），面阔为进深方形的斜长，
心间为次间方形的斜长，檐高为柱高方形
的斜长等等。[60]

59.陈明达.独乐寺观音阁、山门的大木作制度：上 [G]// 建筑史论文集：第15辑.北京：清华大学出版社，
2002: 84-85.《营造法式》所规定的建筑设计模数单位——材、栔、分之"分"，去声，有学者直书为"份"。
为避免混淆，1944 年 10 月，梁思成在《中国营造学社汇刊》第 7 卷第 1 期发表的《记五台山佛光寺
建筑》调查报告中，新造一字"分°"以代之，并在 1962—1966 年完成的《营造法式注释》中沿用之，
本书采用此字。
60. 张十庆.《营造法式》材比例的形式与特点——传统数理背景下的古代建筑技术分析 [G]// 建筑史：
第 31 辑.北京：清华大学出版社，2013: 14.

↑ 图 32 明长陵明楼券门视觉分析

上圆下方之拱券显有"天尊地卑""天地阴阳合"之象征意义。王其亨研究发现，明清北方官式建筑的拱券结构普遍采用双心券筒拱，矢高较半圆券增高一成，可减小结构内力尤其是跨中弯矩值，制作、施工便利；仰视时，还能避免圆弧趋于扁平之观感，取得圆形曲线丰满和谐的视觉效果。[61]

　　冯时向作者指出，牛河梁方丘显现的以内方为基本模数的构图方法，与中国古代都城营造以宫城为基本模数的设计手法相合。[62] 傅熹年在《中国古代城市规划、建筑群布局与建筑设计方法研究》中发现，元大都大城东西之宽为宫城御苑东西之宽的 9 倍，大城南北之深为宫城御苑南北之深的 5 倍；明北京城东西之宽为紫禁城东西之宽的 9 倍，南北之深为紫禁城南北之深的 5.5 倍，以面积核算，明北京城面积为紫禁城的 49.5 倍，

61. 王其亨. 清代拱券券形的基本形式 [J]. 古建园林技术，1987(2): 53-55; 王其亨. 双心圆：清代拱券券形的基本形式 [J]. 古建园林技术，2013(1): 3-12.
62. 冯时访谈录（未刊稿）. 王军采访整理. 2016.

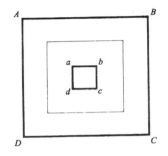

↑图33 冯时作红山文化方丘复原图
来源：冯时. 中国古代的天文与人文 [M]. 修
订版. 北京：中国社会科学出版社，2006.

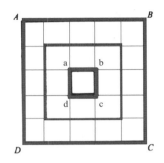

↑图34 红山文化方丘以内方为模数示意图
来源：作者据冯时论述增绘

如扣除西北角内斜所缺的部分，可视为 49 倍。[63] 元大都、明北京城各以宫城御苑、紫禁城为平面模数，与牛河梁方丘以内方为平面模数的设计方法一致，五千年一以贯之（图33—图36）。

此种模数法，亦与《周礼·考工记》记载之设计方法，诸如道涂路门阔度以车乘轨辙为准、堂室应用面积以筵几广幅为度，以及宋《营造法式》所载 "以材为祖" 之制（以材的截面为模数）、清《工程做法》所载斗口模数制（有斗栱之建筑以斗口为模数，无斗栱之建筑以明间面阔为基准）相通，为中华先人设计思想精华所在，亦是以模数化设计实现大规模空间生产这一伟大传统的见证。

---

63. 傅熹年. 中国古代城市规划、建筑群布局与建筑设计方法研究：上 [M]. 北京：中国建筑工业出版社，2001: 10-15.

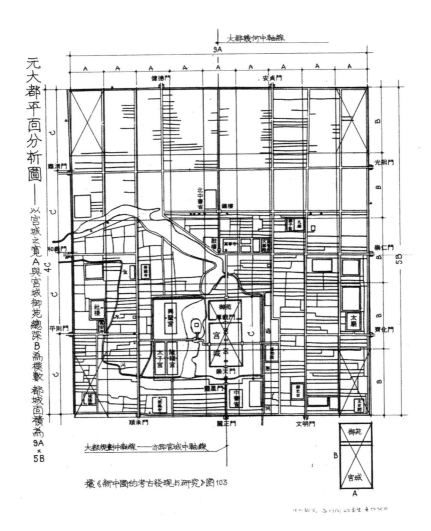

↑图35 傅熹年作元大都平面分析图——以宫城之宽 A 与宫城御苑总深 B 为模数，都城面积为
9A×5B。
来源：傅熹年.中国古代城市规划、建筑群布局与建筑设计方法研究：下 [M].北京：中国建筑工
业出版社，2001.

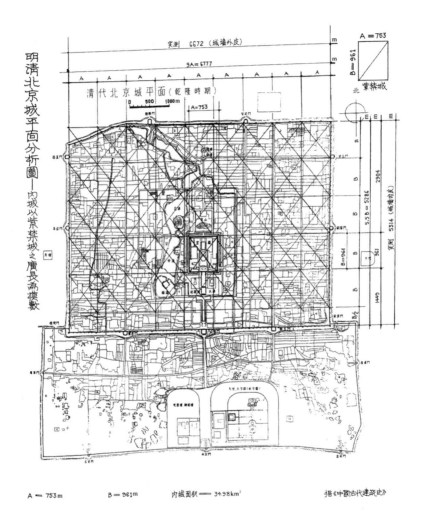

↑图 36 傅熹年作明清北京城平面分析图——内城以紫禁城之广长为模数。
来源：傅熹年．中国古代城市规划、建筑群布局与建筑设计方法研究：下 [M]．北京：中国建筑工业出版社，2001．

↑图37　良渚遗址是牛河梁遗址之外，中华五千年文明又一实证。良渚玉琮孔贯方圆以通天地，是五千多年前良渚"神王之国"的神权象征。

　　牛河梁圜丘与北京天坛的祭坛平面皆为圆形，牛河梁方丘与北京地坛的祭坛平面皆为方形，正如《周髀算经》所言："方属地，圆属天，天圆地方"[64]。而沟通天地、敬授民时，正是农耕时代统治者权力的来源（图37，图38）。《吕氏春秋》载："爰有大圜在上，大矩在下，汝能法之，为民父母。"[65] 这是传说中黄帝对颛顼的教诲。大圜即天，大矩即地，能沟通天地才能为民父母。这与太和殿乾隆御笔"建极绥猷"若合符节，清晰表明了农耕时代政治权力的构架基础，五千年一以贯之。

64. 周髀算经：卷上之一 [M]// 影印文渊阁四库全书：第 786 册 . 台北：台湾商务印书馆，1986：12.
65. 吕氏春秋：卷十二：序意 [M]// 影印文渊阁四库全书：第 848 册 . 台北：台湾商务印书馆，1986：361.

↑图38 北京明清紫禁城大门皆取外方内圆造型，与良渚玉琮相似，〔明〕金幼孜《皇都大一统赋》赞之"天地洞开，驰道相连"[66]，其内蕴之政治文化，贯穿中华五千年文明史。

66.金幼孜.皇都大一统赋 [M]// 于敏中，等.日下旧闻：第 1 册.北京：北京古籍出版社，1983：93.

（二）农耕文化与游牧文化的融合

元大都平面布局在遵从《周易》《周礼》所代表的主流文化之时，又适应游牧民族逐水草而居的生活习俗，见证了农耕文化与游牧文化的融合

　　元代是北方游牧民族入主中原建立的帝国，统治者深信"以马上取天下，不可以马上治"[67]，遂接受以儒家思想为核心的中华文化，融入了中华民族的历史长河。

　　元之国号，源出《周易》"大哉乾元，万物资始，乃统天"[68]。《周易》乃中华文化群经之首、万法之源，元大都规划设计以之为指南，以《周易》天地数之中位数五、六之和，辟城门十一，以象征天地之中、居中而治；[69]元大都宫殿、城门之名，多取自《周易》，以《周易》大衍之数五十，设五十坊。[70]

　　《周易·系辞上》曰："是故天生神物，圣人则之；天地变化，圣人效之；天垂象，见吉凶，圣人象之；河出图，洛出书，圣人则之。"[71]

---

67. "以马上取天下，不可以马上治"是元大都设计者刘秉忠向元世祖忽必烈所提建议。语见：宋濂，等．元史：卷一百五十七 [M]．北京：中华书局，1976:3688.
68. 周易正义：卷一：乾 [M]// 十三经注疏：第 1 册．清嘉庆刊本．北京：中华书局，2009: 23.
69. 〔元〕黄文仲《大都赋》载："辟门十一，四达憧憧，盖体之而立象，允合乎五六天地之中。"语见：周南瑞，编．天下同文集：卷十六 [M]// 影印文渊阁四库全书：第 1366 册．台北：台湾商务印书馆，1986: 636．参阅：侯仁之．试论元大都城的规划设计 [J]// 城市规划，1997(3): 10-13; 于希贤．《周易》象数与元大都规划布局 [J]// 故宫博物院院刊，1999(2): 17-25.
70. 《析津志辑佚》载："坊名元五十，以大衍之数成之，名皆切近。"语见：熊梦祥．析津志辑佚 [M]．北京：北京古籍出版社，1983: 2.
71. 周易正义：卷七：系辞上 [M]// 十三经注疏：第 1 册．清嘉庆刊本．北京：中华书局，2009: 170.

→图 39　二十八宿银河图
来源：冯时 . 中国天文考古学 [M]. 北京：中国
社会科学出版社，2010.

冯时在《中国天文考古学》一书中考证，河图实为描绘东宫苍龙跃出银河回天运行的星象图，洛书实为"四方五位图"与"八方九宫图"，表现了先人以生成数、阴阳数配方位的思想。[72] 这在元大都规划设计中皆有体现：

　　（1）在古代星土分野中，幽燕之地与十二次之析木相配，析木之次位于东宫苍龙之尾、箕二宿，[73] 银河穿越其间（图 39）。元大都将积水潭纳入城中，与太液池、金水河环绕宫城，在其东侧，城市中轴线与之相切，与东宫苍龙跃出银河回天运行之星象呼应，与析木之次星象相合，是敬天信仰的经典体现。

72. 冯时 . 中国天文考古学 [M]. 北京：中国社会科学出版社，2010: 481-533. 古人以一二三四五为生数，六七八九十为成数；奇数为阳数，亦称天数；偶数为阴数，亦称地数。
73. 古人为观测日、月、五星的运行，将天赤道带自西向东分为十二等分，以为坐标，称十二次，分别命名为星纪、玄枵、诹訾、降娄、大梁、实沈、鹑首、鹑火、鹑尾、寿星、大火、析木，并与十二野相配。幽燕所配析木之次，在"东宫苍龙"之尾、箕二宿（居五行木位），其与"北宫玄武"之斗宿（居五行水位）界于银河，"析别水木"而得此名。

　　（2）元大都南设三门、北设两门，取法《周易·说卦》"参天两地而倚数"，并表征天南地北，天地相合。《周易》以奇数配天、偶数配地，因袭于前文字时代古人以数记事而衍生之数术思想。生数一二三四五分别与五相加，得成数六七八九十，十进位制由此演绎。生数中的三个奇数（一三五）即"参天"，其和为九；生数中的两个偶数（二四）即"两地"，其和为六。《周易》乾元用九、坤元用六，九六之数源出于此，天地之数亦由此建立，即"参天两地而倚数"[74]。

　　在北半球中纬度地区观测天象，能清楚看到北极明显高出地平线、天球赤道南偏，进而产生天体南倾、天南地北的认识。[75] 元大都南开三门以象天、北开两门以法地，乃《周易》之乾元用九参天、坤元用六两地之体现，与天南地北对应，直通上古天文。此种门制，经明初南缩元大都北城后依然如旧，并留存于今天北京街道格局之中。

　　元大都规划设计，又遵循了儒家经典《周礼·考工记》关于"左祖右社，面朝后市"的设计理念。将积水潭整体纳入城中，是元大都平面设计玄机。侯仁之在《元大都城》一文中分析指出，元大都大城的平面

---

74. 关于"参天两地而倚数"，历代注家解说不一。〔宋〕杨甲《六经图》谓"乾元用九参天也，坤元用六两地也，故曰参天两地而倚数。九六者，止用生数也"，可从。语见：杨甲. 六经图 [M]// 影印文渊阁四库全书：第 183 册. 台北：台湾商务印书馆，1986：142.

75.〔宋〕邢昺《尔雅》疏云："浑天之体，虽绕于地，地则中央正平，天则北高南下，北极高于地三十六度，南极下于地三十六度。"语见：尔雅注疏：卷六：释天第八 [M]. 十三经注疏：第 5 册. 清嘉庆刊本. 北京：中华书局，2009：5670. 河南濮阳西水坡 45 号墓之平面，南圆北方，与天南地北相合，或为六千五百多年前此种空间观念业已形成之证. 参阅：冯时. 河南濮阳西水坡 45 号墓的天文学研究 [J]. 文物，1990(3)：56.

设计，是从中心台向西恰好包括了积水潭在内的一段距离作为半径，来确定大城东西两面城墙的位置，只是东墙位置向内稍加收缩。大都城的宫城虽然是建立在全城的中轴线上，却又偏在大城的南部。这在我国历代都城的设计中，别具一格，其主要原因，就是为了充分利用当地的湖泊与河流。这也说明了对于城市水源的重视。[76]

在《北京历代城市建设中的河湖水系及其利用》一文中，侯仁之更为具体地指出，根据已复原的大都城平面图进行分析，十分明显的是大城西墙的位置，刚好在积水潭西岸以外，其间仅容一条顺城街的宽度。紧傍积水潭的东岸，又已确定为全城的南北中轴线。这说明积水潭东西两岸之间的宽度稍加延长，便是全城宽度的一半，也就是说东城墙也应该建筑在这同一宽度的地址上，只是由于当时现场可能有沼泽洼地或其他不利因素，其位置不得不稍向内移，但是这点差距如果不细加测量，也是不容易被觉察的（图40）。[77]

以积水潭定大城东西之宽、宫城偏南以充分利用积水潭水面这一大胆设计，不但是对银河穿越天际之效法，还与五行方位中水居北相合，是阴阳五行思想在都城营造中的具体应用，也与蒙古民族"以畜为本、以草为根、逐水草而居"的生存法则一致，体现了农耕文化与游牧文化的融合。

---

76. 侯仁之. 元大都城 [M]// 侯仁之文集. 北京：北京大学出版社，1998: 60.
77. 侯仁之. 北京历代城市建设中的河湖水系及其利用 [M]// 侯仁之文集. 北京：北京大学出版社，1998: 104-105.

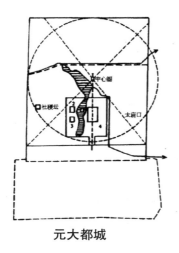

元大都城　　　　　　　**明清北京城**

1. 大内　　2. 兴圣宫　　　　　1. 紫禁城　　2. 太庙（今劳动人民文化宫）
3. 隆福宫　4. 萧墙（后之皇城）　3. 社稷坛（今中山公园）　4. 天坛
　　　　　　　　　　　　　　　5. 山川坛、先农坛

↑ **图 40** 北京旧城平面设计演变示意图
来源：侯仁之 . 侯仁之文集 [M]. 北京：北京大学出版社，1998.

（三）"国家一统多元"的投影

元明时期中央政府与佛教的密切关系对都城建设的重大工程产生影响，显示了中央政府通过佛教推动多民族文化融合的意志

　　元大都修建时，南城墙工程与大庆寿寺海云、可菴二师塔发生矛盾，元世祖忽必烈勅命城墙南绕予以避让。《元一统志》载："至元城京都，

有司定基，正直庆寿寺海云、可菴两师塔，勅命远三十步环而筑之。"[78]
又云："至元四年新作大都，二师之塔适当城基，势必迁徙以遂其直，
有旨勿迁，俾曲其城以避之。"[79]《析津志辑佚》记："庆寿寺西，有
云团师与可菴大师二塔，正当筑城要冲，时相奏世祖。有旨，命圈里入
城内，于以见圣德涵融者如是。"[80] 忽必烈此举不但保存了古物，还显
示了对佛教的极大敬重，其背后，正是"以儒治国、以佛治心"[81]。今
西长安街沿元大都南城墙位置而建，于双塔遗址处（今电报大楼前）略
向南曲，是这一段历史的见证。

大庆寿寺位于元大都皇城以南西南隅，明永乐帝朱棣改建元大都，
皇城整体南移，又与该寺发生矛盾。孙承泽《天府广记》载："明太宗
永乐十四年，车驾巡幸北京，因议营建宫城。初，燕邸因元故宫，即今
之西苑，开朝门于前。元人重佛，朝门外有大慈恩寺，即今之射所。东
为灰厂，中有夹道，故皇墙西南一角独缺。"[82] 大慈恩寺即大庆寿寺，
明皇城缺西南一角，正是避让大庆寿寺的结果。这在今天北京城市平面
中清晰可见（图41）。

忽必烈、朱棣两次在都城建设的重大工程中避让同一所寺庙，显示
了佛教在他们心中不同寻常的分量。1247年"凉州会盟"之后，吐蕃

78. 孛兰肹，等．元一统志：上 [M]．北京：中华书局，1966: 3.
79. 孛兰肹，等．元一统志：上 [M]．北京：中华书局，1966: 22.
80. 熊梦祥．析津志辑佚 [M]．北京：北京古籍出版社，1983: 1-2.
81. 语出耶律楚材之师万松老人。《渌水亭杂识》载："万松老人，耶律文正之师也，其语文正王曰：
以儒治国，以佛治心。王亟称之。"引自：于敏中，等．日下旧闻考：第3册 [M]．北京：北京古籍出版社，
1983: 803.
82. 孙承泽．天府广记 [M]．北京：北京古籍出版社，1984: 51.

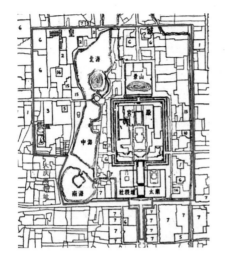

←图 41　北京明清皇城平面图，西南角独缺，以避让大庆寿寺。
底图来源：刘敦桢．中国古代建筑史 [M]．北京：中国建筑工业出版社，1980．

归附蒙古，从此纳入中国版图。汉族、蒙古族、藏族语言不通，生活习俗不同，唯佛教信仰相通。佛教的流行，特别是藏传佛教在元代传入汉地之后，极大推动了民族融合，为在更为辽阔的疆域建设统一多民族国家作出巨大贡献。

明北京城凸字形城郭，是农耕文化与游牧文化碰撞的产物，也是"国家一统多元"曲折历程的投影。

明永乐帝迁都北京，临长城戍边，数度亲征蒙古部落，逝于征途。明朝中央政府与北方游牧、渔猎民族处于紧张关系之中，一场场拉锯战之后，清兵入关，迎来又一次民族大融合。

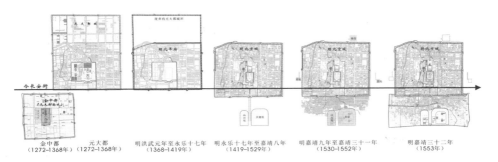

| 金中都
(1272–1368年) | 元大都
(1272–1368年) | 明洪武元年至永乐十七年
(1368–1419年) | 明永乐十七年至嘉靖八年
(1419–1529年) | 明嘉靖九年至嘉靖三十一年
(1530–1552年) | 明嘉靖三十二年
(1553年) |

↑图42 北京城址变迁图
图片来源：岳升阳绘

　　明初南缩元大都北城，移北城墙于今北二环一线，后又南移南城墙于今前三门大街一线，形成内城格局。内城以南区域，有永乐时期建设的天地坛（明嘉靖改为天坛）和山川坛，还与原金中都南城相连，聚集了大量居民。

　　在明朝政府与蒙古部落的拉锯战中，蒙古骑兵数度南扰，兵临北京城下，城外居民深受其苦，终致明嘉靖帝于嘉靖三十二年（1553）在内城以南加筑外城，辟七门，南延中轴线至永定门，形成凸字形城郭。明隆庆五年（1571），隆庆帝行怀柔之策，封蒙古俺答汗为顺义王，边境战事停止，重现和平。留存至今的明北京城凸字形平面轮廓，是这一段历史的见证（图42）。

三、三千年建城史不该留下的空白

对北京旧城的历史认识还存在大段空白，这与北京作为世界历史文化名城的地位极不相称，应启动相关学术工程改变这一状况

对于拥有三千多年建城史和八百多年建都史的北京来说，其古代城址的情况，早于金代之前的，因无科学的考古报告，学术界众说不一。考古工作如不能及时跟进，待众多建设项目掘地三尺之后，城市考古便无从谈起，北京城市史就将留下巨大空白。

众所周知，蓟为北京建城之始。《礼记·乐记》载，孔子授徒曰："武王克殷反商，未及下车而封黄帝之后于蓟。"[83]《史记·燕召公世家》记："周武王之灭纣，封召公于北燕。"[84] 这是北京主城区一带创建城市的重要记录。侯仁之考证，蓟城的中心位置在今广安门内外。这是根据北魏郦道元《水经注》所记"今城内西北隅有蓟丘"及同书所记蓟城之河湖水系的情况得出的，[85] 惜无相应的考古勘探为证。

春秋时期，燕并蓟，移治蓟城。东汉起，蓟城为幽州治所，隋废幽州改置涿郡，唐改涿郡为幽州，称蓟城为幽州城。契丹 936 年占据幽州，938 年升幽州为陪都，号南京，又称燕京。学术界根据北京古代水

83. 礼记正义：卷三十九：乐记 [M]// 十三经注疏：第 3 册. 清嘉庆刊本. 北京：中华书局，2009：3344.

84. 司马迁. 史记：卷三十四：燕召公世家第四 [M]. 北京：中华书局，1959：1549.

85. 侯仁之. 燕都蓟城城址试探 [M]// 侯仁之文集. 北京：北京大学出版社，1998：48.

系分布情况，以及悯忠寺（今法源寺）、天宁寺在唐幽州、辽南京城内位置的历史记载，确认蓟、幽州、辽南京的核心部位在今西城区宣南一带。但这些城市的城墙边界何在？城内如何部署？由于缺乏科学的考古调查，至今无人说得清楚。

1122 年，金攻陷辽南京；1151 年，金决定迁都南京；1153 年，改南京为中都，这是北京建都之始。金中都以辽南京为基础，向东、南、西三面扩建而成，城内置六十二坊，皇城略居全城中心，街如棋盘。中华人民共和国成立后，考古部门对金中都城垣遗迹做了调查，对历来有争议的中都城周长，通过实地勘测得出较准确的数据。而中都城十二门的具体位置，因只有历史文献及二十世纪五六十年代的踏察为证，尚停留在"大体可以确定"的阶段（图 43）。

1215 年，蒙古攻陷中都；1267 年，忽必烈在中都东北郊营建大都新城。1964—1974 年，中国科学院考古研究所、北京市文物管理处元大都考古队对元大都城址进行考古调查，先后勘察了元大都的城垣、街道、河湖水系等遗迹，发掘了十余处不同类型的居住遗址和建筑遗迹，形成了《元大都的勘察和发掘》《北京后英房元代居住遗址》《北京西绦胡同和后桃园元代居住遗址》等报告，证实元大都南城墙在今东西长安街稍南，今建国门南侧的古观象台即元大都东南角楼的旧址，元大都的中轴线与明清北京城的中轴线吻合，今天北京内城诸多街道和胡同仍保存着元大都街道布局的旧迹，等等。[86] 此项工作，填补了元大都研究

86. 中国科学院考古研究所、北京市文物管理处元大都考古队.元大都的勘查和发掘 [J].考古，1972(1): 19-28; 中国科学院考古研究所、北京市文物管理处元大都考古队.北京后英房元代居住遗址 [J].考古，1972(6): 2-11; 中国科学院考古研究所、北京市文物管理处元大都考古队.北京西绦胡同和后桃园的元代居住遗址 [J].考古，1973(5): 279-285.

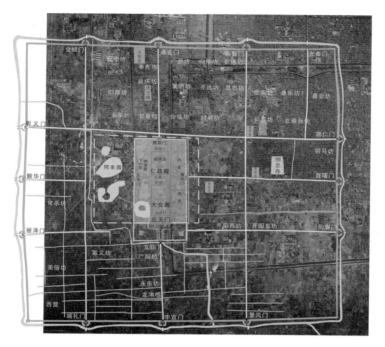

↑图43 金中都城址图
图片来源：岳升阳绘

为显示金中都真实地存在于现有的城市之中，岳升阳应作者之请，结合近年来的调查资料，在1951年的北京航拍图上绘成此图。航拍图由遥感考古联合实验室提供，显示了金中都故城的大部分范围。

的空白，为城市考古积累了丰富经验。

遗憾的是，这类科学而系统的考古工作未能朝着北京更为久远的历史延伸，以至于对元代之前，特别是金代之前北京城址的状况，至今多停留在文献和推测阶段。这也使得人们多以为北京旧城只是元明清旧城，忽视了唐辽金故城仍部分存在于宣南的这一重要事实。而从古今叠加城市考古学理论分析，宣南一带的部分街道，还可能与北京城的滥觞——蓟，存在着继承关系。

对北京早期城市史研究的缺失，使得对宣南的保护失去了应有的学术支撑。在 1990 年和 2000 年北京市两次发起的危旧房改造工程中，宣南被拆除甚剧，如今仅存片断，仍有一批改造项目分布其中。1990 年在北京西厢道路工程中，北京市文物研究所沿今西城区滨河路两侧，对金中都宫殿区进行考古钻探与发掘，探得夯土区 13 处，基本确定了应天门、大安门和大安殿等遗址的具体地点位置。[87] 但在此后的大规模旧城改造中，尽管在宣南不时有一些地下古遗迹在施工中被发现，但它们都不是文物部门主动发掘的结果，往往得不到应有的重视，甚至被施工单位野蛮破坏。

北京市应该把城市考古作为一项重大文化工程来对待，以科学而系统的考古工作把失踪的城市史寻找回来，使北京三千多年建城史得到科学的实证，无愧于世界级历史文化名城的地位。

---

87. 北京市文物研究所. 北京西厢道路工程考古发掘简报 [G]// 北京文物与考古，1994(4): 46-51.

四、软实力与区域协调发展的支撑

北京深厚的历史文化资源对于北京及其所在地区、中国乃至世界的可持续和平发展，具有巨大的现实意义与启迪价值

（一）北京历史文化价值是国家软实力建设及可持续和平发展的巨大思想资源与战略资源

北京旧城空间营造所包蕴的敬天信仰、象天法地理念，实为中国古代天人合一思想的体现。中华先人所推崇的"天地与我并生，而万物与我为一"[88]，将人作为天地万物之一分子、与自然和谐共生的世界观，对于校正人类在工业革命之后推行增长主义生产生活方式所造成的生态环境恶化等危机，具有极强的现实意义。

重塑可持续的天人关系，就必须在科技创新基础上，向中华先人学习，充分汲取中华文化的养分，更新既有发展模式，将"天地与我并生，而万物与我为一"推入更高境界，进而成为人类共同分享的价值。这是二十一世纪中国之于人类的责任，也是中国人应该作出的贡献。在这个意义上，我们应尽最大努力，为中国，为世界保存伟大的北京旧城。

---

88. 庄子注：卷一：齐物论第二 [M]// 影印文渊阁四库全书：第 1056 册．台北：台湾商务印书馆，1986：15.

北京历史建筑与城市空间所见证的"从文化多元一体到国家一统多元",彰显中华文化有容乃大的开放性与适应性,这是中国以汉族为主体的统一多民族国家不断发展壮大的根本,亦明显不同于西方民族国家的发展模式。中国古代对不同民族、不同文化、不同宗教信仰的包容式发展,对于今天人类和平事业的建设,具有巨大启示意义。

(二)不可复制的历史文化资源将为北京建设世界城市、推动京津冀协调发展、建立可持续的财政模式,提供巨大机遇

历史文化资源是北京的吸引力与核心竞争力所在,是北京城市价值的基本保障。可以预计,房地产税(亦称不动产税)开征之后,北京市将从文化遗产保护所提升的不动产价值中获得合理而可观的财政收入,由此产生一系列正面效应:

1. 从根本上扭转旧城区政府单纯依靠土地开发获取财政收入的片面倾向。文化遗产保护能够推升不动产价值,如果开征房地产税,就能将这一增值合理返还财政,使旧城区政府专注于包括文化遗产保护在内的公共服务供应。开征房地产税,有利于转变政府职能,促使各级干部真正树立文化遗产保护也是政绩,与经济建设同等重要的观念。

2. 使北京市各城区及北京所在京津冀地区各城市的水平分工成为可能,区域协调发展获得保障。应该看到,目前区域协调发展机制不健全、多仰仗行政力量推动的局面,与当前税制深刻关联。在分税制条件下,地方税的主体是增值税分成,导致各个城市倾力做大经济规模,形成同构竞争乃至恶性竞争,城市之间无法实现水平分工。在北京市内部,由于市区两级财政分灶吃饭,区级政府之间的竞争也存在类似情况。房地产税改革到位之后,这一情形可望得到根本改变。在"提供公共服务

→推升房地产价值→获得更多房地产税收入→提供更好公共服务"的良性机制之下，各级财政主体必然专注于公共服务的供应，不再盲目做大经济规模。从同构竞争走向区域分工协调便可获得财政支撑，京津冀区域健康发展便可获得内生动力，北京市也将从文化遗产保护中获得巨大收益。

3．疏解非首都核心功能、遏制人口膨胀将获得有力保障。包括文化遗产保护在内的公共服务投入，能够确保充足的房地产税收入，这将促使北京市各级政府更加自觉地放弃经济规模的不合理竞争与扩张，更加自觉地致力于疏解非首都核心功能，特别是外迁不适合首都城市性质的产业。经济规模一旦得到合理的控制与调整，人口规模膨胀就能得到有效遏制。

附一：保护历史街区也是财政策略

在良善的金融政策及不动产税机制之下，"规模效益"也同样适用于遗产保护——更多的历史房产得到良好的保护与管理，会大大增加社区地产的溢价，给城市政府带来更多的不动产税收入。

维尔玛·扎西诺维奇-赫伯特（Velma Zahirovic-Herbert）和斯沃恩·查特吉（Swarn Chatterjee）完成的一项关于划定历史街区对住宅房地产价值的影响研究显示，1984 年至 2005 年，美国路易斯安那州巴吞鲁日市的住宅在被划入历史街区之后，都有一定的价格提升，甚至其邻近地区的房地产也分享了溢价。此项研究表明，在国家级的历史街区内，房地产溢价达到 6.5%。若转化为价值，即在平均房价 112 475 美元的基础上，增加了 7 311 美元的溢价。

另一个由列申科（Leichenko）在 2001 年所做的研究也显示了类似的结果：在德克萨斯州的 9 个城市历史街区内，房地产溢价增幅为 4.9% 至 20.1%。历史街区的溢价为业主和发展商带来回报，房地产价值的提升也为地方政府带来更多的税收。因此，保护历史街区不仅仅是一个文化策略，也是一个投资与财政策略。

（摘自方元：《不动产税助力历史街区保育的国际经验》，《瞭望》新闻周刊，2015 年 6 月 1 日第 22 期）

附二：中国城市不动产税史述略

中国古代在城市内部开征的不动产税——城郭之赋，确立当在五代；至宋代，它成为国家财税制度的基本内容之一。彼时，已从传统的田赋中独立出来的城郭之赋，是按照房产坐落地段的冲要、闲慢、出赁时所得房租多少等因素，确定不同等级计征的宅税和地税。

　　宋亡元兴之后，城郭之赋未见记载。及至民国，北洋政府内务部总长兼京都市政公所首任督办朱启钤，徒叹京师内外城私产"仅有间架之数而无地亩之数，故关于土地之登记估价纳税等等皆无从举办"。情况在 1930 年发生变化，国民政府颁布《土地法》，在土地测量、土地登记的基础上，照估定地价征收地价税、土地增值税。

　　中华人民共和国成立后，政府对城市不动产重新登记，发放房地产所有证，1951 年开征城市房地产税，按房地产的区位条件、交易价格等，确定标准房价、标准地价、标准房地价，每年定期按固定税率征收。

　　1982 年宪法规定城市土地属于国家所有之后，统一的城市不动产税不复存在——城市房地产税仅适用于外商投资企业，并于 2009 年停止征收；1986 年开征的房产税，征收范围不包括个人所有非营业用的房产；1988 年开征的城镇土地使用税，是在土地保有环节征收的唯一税种，但税负偏低。取而代之的是有偿有限期的土地使用制度。

　　2003 年 10 月，中共十六届三中全会通过《中共中央关于完善社会主义市场经济体制若干问题的决定》，确定"实施城镇建设税费改革，条件具备时对不动产开征统一规范的物业税，相应取消有关收费"。

　　物业税一词来自香港。香港的物业税是指对不动产出租收入征收的税，是一种所得税。而在中国内地的税制改革中，物业税是指对不动产征收的一种财产税性质的税，即市场经济国家广泛采用的不动产税。

　　2013 年，中共十八届三中全会提出："加快房地产税立法并适时推进改革"。2014 年，《国家新型城镇化规划（2014—2020 年）》提出："完善地方税体系。培育地方主体税种，增强地方政府提供基本公共服务能力。加快房地产税立法并适时推进改革。"中国的城镇化能否由土地财政模式转入不动产税模式，成为一大悬念。

（摘自王军：《历史的峡口》，中信出版社，2015 年 6 月；王军：《透析城镇化模式之变》，《瞭望》新闻周刊，2015 年 7 月 20 日第 29 期）

附三：开征不动产税的国际经验

从国际经验看，开发利益返还多是通过不动产税的征收来实现，通行的做法是，以不动产的评估价值为税基，按固定税率定期征收。在美国，地方财产税（课税对象是纳税人所拥有的不动产和动产，其中房地产类不动产是主要税基）占地方财政总收入的 29% 左右，占地方税收总收入的 75% 左右。财产税以财产的评估价值为计税依据，其评估价值一般为市价的 30% 至 70%，名义税率为 3% 至 10%，实际税负为 1% 至 4%。财产税按季度、半年或年征收，全部收入用于中小学教育、治安、供电、环保等公共费用。

以不动产税为地方税的主体，与城市政府提供公共服务的职能一致，有利于形成"公共服务→不动产增值→税收增长→提供更多公共服务"的良性循环，使城市政府专注于公共产品的供应而不是土地的圈售，并可促进环境保护与土地集约利用。

（摘自王军：《历史的峡口》，中信出版社，2015 年 6 月）

第二章
旧城保护实施管理策略

一、旧城整体保护

从城市结构调整优化的高度，落实北京旧城整体保护，实现旧城保护与新城开发的良性互动

改变单中心城市结构及"摊大饼"扩张模式，是《北京城市总体规划（2004年—2020年）》（下称"2004年版总体规划"）承担的一项核心任务，后者提出，构建"两轴"（沿长安街的东西轴和传统中轴线的南北轴）"两带"（东部发展带和西部发展带）"多中心"这一新的城市空间结构，改变单中心均质发展状况；加强外围新城建设，中心城与新城相协调，构筑分工明确的多层次空间结构；疏解中心城人口和部分职能；重点保护旧城，坚持对旧城的整体保护。

2004年，清华大学建筑学院的研究表明，占北京规划市区面积不到6%的旧城区，房屋面积已由二十世纪五十年代初的2000万平方米，上升至5000万～6000万平方米，城市主要功能的30%～50%被塞入其中，使之担负着全市三分之一的交通流量。[89]

这意味着北京市欲改变单中心城市结构，就必须停止继续向旧城区集中功能，在此基础上，将旧城区过度密集的功能向外围新城转移。

在这个意义上，2004年版总体规划提出的坚持对旧城的整体保护，

---

89. 王军. 新北京难题 [J]. 瞭望，2004(28):28.

已不再是单纯的保护历史文化名城之举——只有停止对旧城的大拆大建，才能使城市功能不再聚集于此，才有望疏解中心城的人口和功能，逐步改变单中心空间格局，使外围新城建设获得支撑，防止中心城继续"摊大饼"扩张。

可是，2004年版总体规划相关规定的实施并不顺畅，大规模的旧城改造并未停止，本已过度密集、应该合理疏解的城市功能仍在向旧城集中。

2013年2月，北京市城市规划设计研究院发布的《北京城市空间结构调整的实施效果与战略思考》显示，2004年版总体规划实施以来，全市人口增量的60%，经济增量的73%，城镇建设用地增量的50%仍集中在以旧城为核心的中心城，中心城仍是全市人口和经济发展的主要承载区。

中心城内既有的城市功能不断膨胀，使2004年版总体规划欲解决的单中心问题更加棘手。这也表明：

（1）加大对包括北京旧城在内的存量城市的保育，不再纳入大规模建设项目，是北京市必须坚持的战略方向。必须避免大拆大建式的房地产开发活动继续蔓延其中，只有这样，北京单中心城市结构的调整才能获得充分保障。

（2）对北京城市结构调整的复杂性、艰巨性必须保持清醒认识。目前，北京通州副中心的建设已经展开，这将有力推动北京城市结构调整，促进全市平衡发展。同时，也应该看到，通州副中心主要承载的是北京市的行政职能。从用地结构上分析，北京中心城区的规划空间容量已经饱和，占城市空间重中之重的中央行政及相关职能，能在多大程度上实现与新城的"联动"，是决定北京城市走向的关键。2004年，赵燕菁在《中央行政功能：北京空间结构调整的关键》一文中指出，中央企事业单位及其附属功能在北京占地高达 170 多平方公里，而且大多集中在四环以内。在这一范围，减去道路、基础设施、公园、学校等用地后，其余用地一半以上都和中央职能有关，北京市政府相关的占地只有中央机构的十分之一左右。因此，只要中央的行政办公不动，即使北京的行政功能迁出去，对城市结构的调整也不会有太大影响。

（3）应研究制定适宜的部分外迁中央行政职能的规划方案，切实缓解单中心城市结构，并为旧城的整体保护创造有利条件。一些中央机构原地扩张，往往与旧城保护形成矛盾，也不利于城市结构调整战略的实施。2004 年，北京工业大学专题报告显示，在北京，仅中央机关马上需要的用地，加起来就有近 4 平方公里之多，相当于 5 个半故宫的占地面积。中央机构用地量的增加，反映了北京作为在转型中崛起的大国首都，在建设全国政治中心、国际交往中心方面的现实需要。而为此提供保障的空间供应，应在全市乃至京津冀区域范围内综合考量、合理安排。需要明确的是，政治中心与国际交往中心的建设，应有利于历史文化名城保护及北京城市结构调整，不应对此造成消极影响。

在过去十多年间，中央机构扩建已导致皇城历史文化保护区内的南长街、府右街地带被夷为平地，位于南长街被称为"故宫外八庙"之一的普查登记在册文物玉钵庵被拆除（图 44），这是违反《中华人民共和国文物保护法》《历史文化名城名镇名村保护条例》《北京城市总体规划》的行为，必须明令禁止，不使再度发生。

↑ 图 44 2003 年南长街历史文化保护区被夷为平地。

二、清理拆除项目

妥善处理危改遗留项目问题，严禁以棚改之名大拆大建，变棚改计划为历史文化名城保护计划

在历史文化名城保护方面，2004 年版总体规划明确规定："重点保护旧城，坚持对旧城的整体保护"，"保护北京特有的'胡同－四合院'传统的建筑形态"，"积极探索适合旧城保护和复兴的危房改造模式，停止大拆大建"，"在保护旧城整体风貌、保存真实历史遗存的前提下，制定旧城市政基础设施建设的技术标准和实施办法，积极探索适合旧城保护和复兴的市政基础设施建设模式"。

2004 年版总体规划还对历史文化名城保护的"机制保障"作出规定："建立健全旧城历史建筑长期修缮和保护的机制。推动房屋产权制度改革，明确房屋产权，鼓励居民按保护规划实施自我改造更新，成为房屋修缮保护的主体。制定并完善居民外迁、房屋交易等相关政策"，"遵循公开、公正、透明的原则，建立制度化的专家论证和公众参与机制"。这正是对二十世纪九十年代以来推行的以开发商为主体进行成片拆除的危旧房改造模式作出的重要纠正。

可是，总体规划的上述规定在实施中并不顺畅，主要体现在：

（1）仍有相当一批危改遗留项目在 2004 年版总体规划被批复之后得到执行，对旧城的成片拆除并未停止。2004 年版总体规划被批复之后，2005 年 1 月 25 日，北京市政协文史委员会向政协北京市第十届委员会第三次会议提交党派团体提案，建议按照新修编的总体规划的要求，立即停止在旧城区内大拆大建。这份提案指出，就在新规划出台前后，旧城内东、西等城区又有多处强度极大的房地产开发项目重新启动，四城区（东城、西城、崇文、宣武四区 2010 年 7 月并为东城区、西城区）还有一大批危改的"后备项目"，这些项目大多是 2003 年以前批准的，"一旦实现，北京的胡同、四合院就将被基本消灭得差不多了"。

2005 年 2 月，北京古都风貌保护与危房改造专家顾问小组成员郑孝燮、吴良镛、谢辰生、罗哲文、傅熹年、李准、徐苹芳与两院院士周干峙联名提交意见书，建议采取果断措施，立即制止在旧城内正在或即将进行的成片拆除四合院的一切建设活动。意见书提出，对过去已经批准的危改项目或其他建设项目目前尚未实施的，一律暂停实施。要按照总体规划要求，重新经过专家论证，进行调整和安排。凡不宜再在旧城区内建设的项目，建议政府可采取用地连动、异地赔偿的办法解决，向新城区安排，以避免造成原投资者的经济损失。

同年 4 月 19 日，北京市政府对旧城内 131 片危改项目作出调整，决定 35 片撤销立项，66 片直接组织实施，30 片组织论证后实施。这些项目集中在旧城之内，仍沿用"拆平建高"的高强度开发模式，对历史文化保护区形成包围之势（图 45）。

尽管 2004 年版总体规划明确规定让居民成为房屋修缮保护的主体，这一保护机制在南锣鼓巷、烟袋斜街等地取得了经验，可是，2006 年，在前门商业街、鲜鱼口历史文化保护区，有关部门仍然沿用与总体规划的规定存在冲突的大规模房地产开发方式，大拆大建，外迁原住民，兴建仿古建筑。

（2）棚户区改造对旧城整体保护形成威胁。近年来，北京市加大

↑图 45　2007 年菜市口地区危改工程位置图。岳升阳标注

此图显示了菜市口东南侧、西南侧、东北侧的大吉片危改项目、菜市口西片危改项目、棉花片危改项目在 2007 年的实施范围。2009 年，菜市口西北侧的广安联合储备开发项目一期地块（广安片）启动拆迁，房地产开发对菜市口形成"围攻"之势。上述四个项目均位于金中都故城之内，其中，广安片部分地段、菜市口西片位于唐幽州、辽南京故城之内。

了棚户区改造力度。据公开发布的《北京市 2016 年棚户区改造和环境整治任务》，旧城之内，有 20 多个片区被划入新增棚户区项目和危改项目。其中，多数为胡同、四合院街区，多以房地产开发公司为主体实施。

北京保存至今的以胡同、四合院为代表的历史街区，是中华历史文化的重要载体。将这些区域作为棚户区对待，与其历史文化价值不相符合，与 2004 年版总体规划关于整体保护旧城的规定大相抵牾。

承载着北京早期城市史的宣南地区，理应划作历史文化名城保护的重点区域。可是，2005 年以来，宣南大吉片等地段在房地产开发中遭到毁灭性破坏。其所存不多的区域，现在又面临棚户区改造的威胁。《北京市 2016 年棚户区改造和环境整治任务》显示，宣南地区被列入棚改计划的项目，即包括 "信达宣东 A-G 地块""棉花 A6A7 地块""棉花 A2A5 地块""宣西北项目""琉璃厂 M 地块（南区）""菜西项目""宣西（南侧）""广安二期""棉花 A3 地块"。再这样改造下去，宣南就被彻底毁灭了。

北京年久失修的四合院民居，在近年大规模推行的房屋修缮与棚改项目中，被以较低标准修缮或翻建，未严格遵循四合院营造标准。有的四合院在翻建中偷工减料，减少结构用柱，把梁架搭在墙上，不合规制，为省钱，牺牲了安全系数，留下隐患。原本工艺考究的四合院，往往被修成粗制滥造的"农村大瓦房"（基层干部语）；有的四合院精美的门楼被拆掉了，新建的完全不是原有做法（图 46—图 48）。

《北京市 2016 年棚户区改造和环境整治任务》显示，东城区与西

↑图46　北京史家胡同 23 号四合院大门山墙内附之柱架系统。以大木结构承重是中国古代建筑"墙倒屋不塌"的宝贵传统，这在北京四合院建筑中有着经典体现，明显不同于欧洲古典建筑以墙承重的做法。

梁思成在《清式营造则例》一书中指出："欧洲旧式建筑的门窗是墙壁上开的洞，墙壁是房子的体干，若是门窗太多或太大，墙壁的力量就比例的减少。所以墙与洞是利害相冲突的。在中国建筑里，支重的是柱子，墙壁如同门窗格扇一样，都是柱间的间隔物。其不同处只在门窗格扇之较轻较透明，可以移动。因这原故，在运用和设计上都给建筑师以极大的自由，有极大的变化可能性。"[90] 正是因为大木结构承重，北京传统四合院墙体常用碎砖垒砌里层，外墙皮才用好砖，这既充分利用了旧砖、碎砖，节省了大量好砖，还能起到防寒隔热和围护作用。

90. 梁思成. 清式营造则例 [M]. 北京：清华大学出版社，2006: 55.

↑图 47　北京报房胡同 17 号四合院大门山墙"修缮"后的情形。在北京市近年推行的四合院房屋修缮工程中，以砖墙直接承重的做法随处可见，不但丧失了大木结构承重的传统，还牺牲了结构安全，墙倒屋就塌，被拆卸的原山墙内附之柱架也不知所踪。

↑图48 北京南锣鼓巷历史文化保护区内的方砖厂胡同，正在被修缮的一处房屋，可见山墙直接承重的情形。

城区已在全区范围安排了规模可观的成片区平房修缮项目，并提出完成改造的时间表。东、西城的平房区，是北京胡同、四合院的精华所在，理应纳入历史文化名城保护计划，高标准、原工艺予以修缮。可如今，却是将其视为棚户区进行低标准的修缮或翻建。这样修下去，精美的传统四合院民居，将所剩无几，消失殆尽。

针对以上情况，应采取以下对策：

（1）严格执行 2004 年版总体规划关于整体保护旧城的规定，停止对所有成片拆除项目的实施。排查旧城内的成片拆除项目，包括以房地产开发方式运行的危改和棚改项目；考虑以异地补偿等方式，将旧城内正在实施的已发生交易费用的成片拆除项目，置换至规划拟重点发展的新城实施。

（2）重新评估旧城内的平房修缮项目，将其撤出棚改计划，纳入历史文化名城保护计划。依照传统四合院营造范式与工艺标准，制定四合院修缮导则，高标准严格执行；以院落为单位、居民为主体推行房屋修缮，禁止大规模房地产开发介入。

（3）设立四合院修缮基金，鼓励产权人采用传统大木作砖瓦石技术修缮四合院民居。此举可为传统建筑工艺提供生存土壤，使北京旧城成为此种工艺的传承基地，为这一人类重要的非物质文化遗产的保护与传承作出贡献。

（4）对旧城存量房屋进行摸底调查，内容包括房屋类型、质量、建设年代、不动产权属状况等，据此制定有针对性的保护政策，包括：①以最大限度保护历史文化遗产与风貌为导向，制定不可移动文物名录，可更新、须更新建筑（严重破坏历史风貌的建筑）名录，依据相关法律法规，制定相应的保护或更新标准；②根据本地建筑传统，制定城市设计导则，内容包括建筑物的高度、体量、色彩、立面尺度和比例、外立面建筑材料等。

（5）加大文物普查力度，扭转长期以来文物保护的被动局面。本着应保尽保的原则，最大限度地把具有文物价值的不可移动建筑及其他实物遗存登记在册，及时公布为文物保护单位；公布所有普查登记在册文物，在其所在地树立文物标志牌，接受社会监督。

三、文保区全覆盖

采取有力措施将历史文化保护区覆盖至旧城内未被拆除的所有区域

在北京旧城保护中存在的一个突出问题，就是历史文化保护区分片保护与实施旧城整体保护的矛盾。

1986 年，国务院批转建设部、文化部关于请公布第二批国家历史文化名城名单报告的通知指出："对一些文物古迹比较集中，或能较完整地体现某一历史时期的传统风貌和民族地方特色的街区、建筑群、小镇、村寨等，要作为历史文化区加以保护。"此后，历史文化保护区（历史地段）的概念被引入中国，西方城市保护的概念是否适应包括北京在内的中国城市保护的需要，成为学术界争鸣的话题。

1999 年 6 月，吴良镛、贝聿铭、周干峙、张开济、华揽洪、郑孝燮、罗哲文、阮仪三提出《在急速发展中更要审慎地保护北京历史文化名城》的建议："北京旧城最杰出之处就在于它是一个完整的有计划的整体，因此，对北京旧城的保护也要着眼于整体"，在旧城内仅把一些地区划作历史文化保护区，是"将历史文化保护简单化了"，"目前的保护区规划仅仅是孤立地、简单地划出各个保护区的边界"，"没有从旧城的整体保护出发进行通盘的考虑"，"是一种消极保护，实际上也难以持久"。

2002 年 6 月，徐苹芳在《论北京旧城的街道规划及其保护》一文中指出，中国古代城市与欧洲的古代城市有着本质的不同。欧洲古代城市的街道是自由发展出来的不规则形态，这便很自然地形成了不同历史时期的街区。"可以断言，在世界城市规划史上有两个不同的城市规划类型，一个是欧洲（西方）的模式，另一个则是以中国为代表的亚洲（东方）模式"，"历史街区的保护概念，完全是照搬欧洲古城保护的方式，是符合欧洲城市发展的历史的，但却完全不适合整体城市规划的中国古代城市的保护方式，致使我国历史文化名城的保护把最富有中国特色的文化传统弃之不顾，只见树木，不见森林，捡了芝麻，丢了西瓜，造成了不可挽回的损失"。

2004 年版总体规划提出："进一步扩大旧城历史文化保护区的范围。根据历史文化遗存分布的现状和传统风貌的整体状况，扩大、整合旧城现有的历史文化保护区；增加新的历史文化保护区。"目前，北京旧城内的历史文化保护区已增至 33 片，占旧城面积的 29%（图 49）。据北京市规划学会 2003 年统计，北京旧城之内，被划入保护区的胡同有 600 多条，未被划入保护区的胡同有 900 多条。

根据 2004 年版总体规划的要求，以及《历史文化名城名镇名村保护条例》《北京历史文化名城保护条例》的相关规定，北京旧城历史文化保护区范围之外的胡同，应该被纳入整体保护的范围。可是，一段时期以来，一直存在一种错误认识，即认为保护区之外的胡同、四合院都可以拆除。在此种认识的驱使下，大拆大建在保护区之外持续上演，旧

↑图49　《北京城市总体规划（2004 年—2020 年）》之《旧城文物保护单位及历史文化保护区规划图》。
来源：北京市规划委员会

城遭受无法挽回的巨大损失。

　　全国政协委员、故宫博物院院长单霁翔在 2016 年全国两会提案中指出，今天，维护北京文化古都城市风貌，首先要保护其严整、平缓、有度的风格和内在风韵，包括保护城市中轴线，保持棋盘式的道路系统，维护严谨的城市空间格局和活泼的园林水系，保护诸多文物古迹。而实现这些保护目标的关键，是整合历史城区内的历史文化保护区，在保护好已经公布的历史文化保护区的基础上，扩大保护范围，将具有胡同—四合院基本格局的区域，全部公布为历史文化保护区。当前对于北京历史文化名城保护来说，这是不可失去的难得机遇。

　　北京旧城是统一规划建成的不可分割的整体，是东方城市的杰出代表。为落实整体保护的要求，就必须改变北京市已公布的历史文化保护区不能覆盖整个旧城的状况，坚持 2004 年版总体规划确立的"扩大、整合旧城现有的历史文化保护区"，"增加新的历史文化保护区"的原则，采取强有力措施，将旧城内未被划入保护区的历史地段，全部公布为历史文化保护区。

四、人口疏散与房屋管理

将平房区人口疏散与加强房屋管理相结合，建立直管公房租赁退出机制，为旧城保护与地区文脉延续创造有利条件

　　北京旧城平房区人口密集、疏解困难以及房屋危破，与房屋管理不善相关，突出体现在：

　　（1）直管公房大量存在违法转租转借行为，长期得不到遏制，且不断加剧，甚至出现使用权违法交易，为不合理的人口聚集提供了空间。违法转租转借直管公房行为的泛滥，已使大量平房四合院的住户变为外来流动人口，其中存在暗箱操作及寻租行为，并给流动人口的管理造成困难，潜伏诸多隐患。有的直管公房承租人甚至将其承租权（使用权）公然通过中介机构上市交易，其价格与产权交易价格相当。有中介机构透露，只需向房管员支付一笔费用，即可变更租赁证，实现使用权过户。

　　（2）由于没有建立直管公房租赁退出机制，"户在人不在"情况普遍，虚高了平房区实际居住人口数量。北京市社会科学院2005年发布的《北京城区角落调查》显示，大栅栏地区人户分离现象严重，户在人不在的占常住人口的20%以上，个别社区外迁人口占45%以上。这一情况在北京旧城平房区普遍存在。许多房屋并不为户籍人口实际居住使用，它们或被出租赢利，或被长期闲置。人户分离者，多是在外居住（在外拥有住房或租用住房）的直管公房承租人，他们是转租转借直管公房的主要群体。

（3）私搭乱建、破墙开洞等违法建设行为大量存在，传统的院落格局、商住空间秩序被严重破坏，为不合理的人口与业态聚集提供了机会。私搭乱建式违法建设行为是对公共利益的悍然窃取，长期以来却得不到应有的惩治与打击，并与违法转租转借直管公房的行为相伴，不断蔓延，恶化了大杂院问题，严重损害城市形象与社会公德；未经审批破墙开洞、将居住用地违法变更为商业用途以攫取高额利益的行为在胡同内大量存在，同样是对公共利益的悍然窃取，必须严加惩治。

北京旧城历史上的商业空间多分布在南北向的街道两侧，居住空间多分布在东西向的胡同之内，由此形成"结庐在人境，而无车马喧"的空间秩序，这是十分值得珍视与继承的传统。在胡同内肆意破墙开洞的行为，使宁静的胡同变成街道，是对这一传统的巨大伤害。

以上问题暴露了旧城平房区的房屋管理存在严重的"真空"与漏洞，如不及时加以纠正，平房区不合理的人口聚集即使通过行政力量得以暂时疏解，仍有可能回潮。

旧城平房区居住着大量"老北京"，这些原住民是北京地方文化的主要传承者，应鼓励他们继续居住在历史城区，切忌通过行政力量"一刀切"将他们大规模迁离。应具体问题具体分析，综合施策：

（1）在四合院平房区，保障房优先供应，建立长效机制，居民自主选择外迁，不得强迫。旧城人口过度集中，与长期以来的住房供应短缺、保障房供给不力相关。实践证明，二十世纪九十年代以来推行的拆低建高的危旧房改造计划，增加了旧城内的建筑容量，不仅不利于人口疏解，还对历史文化名城造成破坏，导致旧城社会结构断裂、拆迁矛盾激化等一系列问题。通过汲取经验教训，北京市应建立保障房供应与平房区人口疏解相对接的长效机制，鼓励平房区居民选择区外的保障房居住，自主外迁，避免强制性外迁的行政力量介入，实现人口疏解、提高居住质量、延续社会结构、旧城保护的多赢。

（2）建立直管公房租赁退出机制，彻底解决人户分离问题，实现平房区人口的"精确疏解"。直管公房在旧城存量平房中占有相当大的比重，其中大量存在的人户分离问题，表明相当一批直管公房并不为法定承租人真正使用。这些承租人将公房转租后获取不正当违法收入，理应予以制止。房管部门应解除与其签订的租赁合同，腾空、收回房屋，合理安排使用。由此也可推动解决大量直管公房被外来流动人口违法使用的问题，使平房区人口得到有效疏散。

直管公房是低租金保障性住房，其提供保障的对象，应该是低收入、没有房产的市民，而不是在外已拥有或租用房产者。对后者，应该建立租赁退出机制。如能以适当方式，解除人户分离者的公房租赁合同，平房区的人口疏解就能得到良性推动。在这样的机制下，留下来的，是那些真正需要得到保障的老住户；被疏解的，是那些事实上并不在此居住的承租人。这样，就能避免旧城人口疏解工作造成社会结构剧烈变化以及地区文脉断裂等问题。

（3）健全平房区房屋管理体制，严厉打击直管公房转租转借违法行为，加大对私搭乱建的拆除力度，惩治破墙开洞行为。直管公房是国有财产，任何单位和个人不得私自买卖、侵占直管公房，不得利用直管公房从事非法活动或牟取非法收入。必须严厉查处承租人存在的擅自转租、转借、改变房屋使用性质和用途、擅自改变房屋结构面积等行为；对直管公房管理进行彻底整治，严厉查处房管部门不作为、乱作为、以权谋私，与承租人或中介机构相互勾结、输送利益的行为。

（4）在人口得到疏解的情况下，对直管公房的分配进行优化，按四合院原工艺进行修缮，实现厨卫入户，成为成套住宅，为低收入、真正需要被保障的居民提供体面的居住环境。应该看到，在北京旧城内长期得不到有效解决的"脏、乱、差"大杂院问题，已严重损害了首都形象，暴露出城市建设管理存在的诸多问题。平房区人口疏解机制的建立，正可为这一问题的解决，提供有力支撑。

五、交通政策调整

推行与历史文化名城保护相适应、符合新型城镇化要求的交通政策

　　自二十世纪九十年代起，架桥修路一直是北京城市建设的重头戏，可道路却是越修越堵。北京的地面交通长期倚重小汽车交通，以道路建设满足小汽车交通需要，已使拥堵问题陷入"面多加水、水多加面"的恶性循环，旧城区不但成为交通拥堵的重灾区，还在城市建设中遭到大马路切割，许多路段失去了宜人的街道尺度。

　　《北京市 2015 年暨"十二五"时期国民经济和社会发展统计公报》显示，2015 年末，北京市机动车保有量 561.9 万辆。其中，私人汽车 440.3 万辆，私人汽车中轿车 316.5 万辆。北京交通发展研究中心的数据显示，北京的小汽车使用比例是东京的 4 倍，北京五环内使用小汽车的比例为 32%，而东京相同范围内使用小汽车的比例是 8%。

　　如果继续推行以小汽车为主导的地面交通政策，一如既往地在中心城区，甚至在极其敏感的旧城区通过道路建设、停车位建设为小汽车提供更多的优先权，不但会使北京的交通拥堵之结越拧越紧，还将与历史文化名城保护形成更加尖锐的矛盾。

　　回顾北京城市交通发展历程，总结国际经验，能得出以下认识：

　　（1）一个城市如果交通政策选择失当，即使路修得再多再宽，也于事无补。交通政策与城市形态存在着对应关系，交通政策比交通工程重要。

从交通政策与城市形态的对应关系上看，如果一个城市的交通是以小汽车为主导，则必须以低密度的城市形态与之匹配，否则就会出现难以想象的拥堵。美国的洛杉矶为适应小汽车发展，将三分之二的城市土地用来修交通设施。美国另一个著名的汽车城市底特律，沿着高速路低密度蔓延，其城市边界甚至难以确定。

这类城市以极高的土地与能源消耗为支撑，甚至拖累了国家的能源安全。仅占世界人口 5% 的美国，耗费了世界石油产量的 26%。在美国南部各州，即所谓"阳光地带"，平均每个家庭每天至少有 14 次汽车出行，每年至少花 1.4 万美元来养两辆车。[91] 为确保石油安全，美国每年要投入巨额军费在波斯湾，并急于寻找可替代能源。

过度发展的小汽车交通，给城市生活造成一系列负面影响。底特律由此出现市中心衰败，城市生活荒漠化，市政府入不敷出而宣告破产。洛杉矶则不幸成为"空气污染之都"，为治霾消耗了六十多年光阴。

与之形成反差的是，一些南美与欧洲城市作出明智选择，即坚持发展高密度城市，鼓励城市生活多样性的发育，在较短时间内通过路权的重新分配，实现公交主导。

哥伦比亚首都波哥大是一个 700 多万人口的城市，曾是著名的"堵城"和"霾城"。可是，从 1998 年到 2001 年，这个城市果断调整交通政策，变小汽车主导为公交主导，将城市干道的快速公交专用线增至四条车道，并连接成网，仅用三年时间就走出了困境。

---

91. 新都市主义协会. 新都市主义宪章 [M]. 杨北帆，张萍，郭莹，译. 天津：天津科学技术出版社，2004: 181.

波哥大还建设了拉丁美洲规模最大的自行车道路网络、世界上最长的步行街、通往城市最贫穷地区的数百公里长的人行道，以最多的路权保障，使"公共交通＋自行车＋步行"成为高效而舒适的交通方式，一举改变了整个城市对小汽车交通的依赖，并规定每年有两个工作日禁止私家车进入全市 350 平方公里的范围，限制小汽车驶入古城中心区。

变小汽车主导为公交主导，决不是象征性地在城市里画出几条公交专用线就能成功，必须实实在在地把存量路权最大限度地向公共交通分配，形成覆盖全市的快速公交体系。领导这场改革的波哥大市长恩里克·佩那罗舍（Enrique Peñalosa）树立了这样的理念：占城市人口 20% 的小汽车使用者，不应该占用城市 80% 的道路面积，应该把 80% 的道路面积还给 80% 的市民。

他的理念看似激进，却得到市民的欢迎，因为公交主导的交通战略有效解决了这个城市看似绝望的拥堵和空气污染问题，不需要投入巨资，更不需要大拆大建宽马路。城市的路权重新分配之后，街道开始由步行者"统治"，城市生活复兴了。小汽车的行车道虽然减少了，但也不拥堵了，因为公共交通迅捷稳定，大家没有必要再开着车上下班了（图 50）。

同样成功的案例，还包括法国古城波尔多。这个城市也曾经拥堵不堪，但市政当局将城市干道三分之二的路权分配给了公共交通，就事半功倍，成功治堵（图 51）。

（2）一个城市很难通过各类交通工具的"均衡发展"获得成功，必须在通勤模式的顶层设计上，在小汽车与公共交通之间进行明智抉择。

不同于洛杉矶和底特律，也不同于波哥大和波尔多，北京的交通政策与城市形态呈现"错位发展"之势。这个城市的地面交通长期被小汽

19-Jan-04　　　　　　　　　　　　　　　　　　　　　　　　　　　　　　3

What is Bus Rapid Transit?

It sounds too good to be true. A mega-city can plan and build a fast and efficient city-wide mass transit system at a cost 10 to 100 times less than current metro rail systems. It can be completed in two years and it can be operated at affordable fares without subsidies. While some may stand in disbelief, this is exactly what has happened in major cities in Latin America with a new technology called Bus Rapid Transit (BRT).

As well as in a growing number of cities in Europe, North America, Australia and South America, BRT systems are currently operating in Asian cities including Kunming, Taipei, Shijiazhuang, Jakarta and several Japanese cities. Systems are under construction in Beijing, in advanced planning in Delhi and Seoul, and in planning in Bangkok, Chengdu, Chongqing, Huai An, Xi'an, T'aichung, T'ainan, and other cities. (For information, photos and videos of BRT please contact Karl Fjellstrom.)

*The following is quoted from Bus Systems for the Future, Lew Fulton, International Energy Agency, Paris, 2002.

Bus Rapid Transit is high-quality, customer-orientated transit that delivers fast, comfortable and low-cost urban mobility. – Lloyd Wright, ITDP.

Bus Rapid Transit in Bogotá, Colombia

BRT systems are much more than simply bus lanes. They have some or all of the following elements:
- Dedicated bus corridors with strong physical separation from other traffic lanes.
- Modern bus "stations", with pre-board ticketing and comfortable waiting areas.
- Multi-door buses that "dock" with bus stations to allow rapid boarding and alighting.
- Large, high capacity, comfortable buses, preferably low-emission.
- Differentiated services such as local and express buses.
- Bus prioritisation at intersections either as signal priority or physical avoidance (e.g., underpasses).
- Co-ordination with operators of smaller buses and paratransit vehicles to create new feeder services to the bus stations.
- Integrated ticketing that allows free transfers, if possible across transit companies and modes (bus, tram, metro). [Integration with existing metro lines (Blue Line, BTS) will be an important feature of the Bus Rapid Transit system in Bangkok.]
- Real-time information displays on expected bus arrival times.
- Good station access for taxis, pedestrians and cyclists, and storage facilities for bikes.
- New regimes for bus licensing, regulation and compensation of operators.
- Land-use reform to encourage higher densities close to BRT stations.
- Park and ride lots for stations outside the urban core.
- Well-designed handicap access, including ability for wheelchair passengers to quickly board buses.
- Excellence in customer service that includes clean, comfortable and safe facilities, good information and helpful staff.
- A sophisticated marketing strategy that encompasses branding, positioning and advertising and establishes a unique and positive image for the system.

↑ 图 50　世界银行关于波哥大大容量快速公交（BRT）的推介材料

来源：世界银行

↑ 图 51　波尔多将城市主干道三分之二路权分配给公共交通，成功治堵。

车"统治"，像洛杉矶或底特律那样，可它并不是一个低密度城市。就城市形态而言，北京与波哥大、波尔多实为一类，皆是历史上形成的高密度城市。

在北京，公交汽车被淹没在小汽车的海洋里。北京市的快速公交仅在几条路线上开通，并不像波哥大那样形成覆盖全市的网络。

2014 年 6 月，中国社会科学院发布《生态城市绿皮书》预计，到 2014 年，北京公共交通出行比例将达 48%，即将步入公共交通主导城市交通的时代。可是，很难说公交出行比例超过 50%，就实现了公交主导。东京是公交主导型城市，其相关数据是：在东京 23 个区，公共交通承担着 70% 的出行；在城市中心区，90.6% 的客运量由有轨交通承担，车站间距不超过 500 米。

进入二十一世纪以来，北京地铁快速发展，截至 2015 年 12 月 26 日，北京地铁共有 18 条运营线路，组成覆盖 11 个市辖区，总长 554 公里运营线路的轨道交通系统。

日承载逾千万人次客流的地铁交通，使北京的公交出行比例稳步提升。但这个城市的地面交通对小汽车的倚重没有改变。北京古老的胡同已被小汽车塞满。2016 年北京市两会上，市交通委员会有关负责人表示，将吸引社会资本参与城市公共停车设施建设，不断增加车位供给。这意味着城市有限的公共空间资源，仍将为小汽车的使用提供更大方便。事实上，近年来北京市已在一些路段拆除了人行道，为小汽车让出更多车道（图 52）。

尽管《北京 2016 年人代会政府工作报告》提出，落实缓解交通拥堵行动计划，全力抓好建设、管理、服务，中心城绿色出行比例提高到 71%。但在小汽车的使用同样受到支持的情况下，这一目标将在多大程度上得到实现，仍有待观察。

↑图52　交道口南大街人行道被拆成自行车道，原道路两侧的自行车道让给了小汽车。

本该此消彼长的小汽车与公共交通，在北京齐头并进地发展着。事实上，在北京的地面上，享有最多路权的小汽车同样失去了效率，并成为雾霾的制造者之一，像洛杉矶那样。这个城市长期以来致力于在高密度的城市环境里，让小汽车交通唱主角，不惜为此大规模拆除历史街区，却使得路修到哪里，拥堵也就延伸到哪里。与城市形态不匹配的交通政策，须为此承担责任。

过度在城市里发展小汽车交通，已给美国经济社会制造了沉重负担。出于反省，美国规划界提出"精明增长"理念，《精明增长的政策指南》2002 年由美国规划协会制定颁布，将公交主导、紧凑、鼓励步行、混合使用等作为城市规划的原则。波哥大成为美国城市的榜样，其经验得到世界银行推广。

美国城市走过的弯路，已得到中央决策层高度关注。2014 年 3 月发布的《国家新型城镇化规划（2014—2020 年）》提出"密度较高、功能混用和公交导向的集约紧凑型开发模式成为主导"；2015 年 12 月中央城市工作会议明确提出，树立"精明增长""紧凑城市"理念。这必将对中国的城市发展产生深远影响。北京交通战略的调整，正面对新的机遇。

（1）应在短时间内，通过路权调整，使公共交通获得充足的空间保障，形成全新的公交主导型交通模式，改变市民对小汽车通勤的依赖。在城市的主干道上迅速形成网络化的大容量快速公交体系，是缓解地面交通拥堵的根本路径。公共交通获得优势路权，并不会影响国事活动的交通运行，在特殊情况下，国事活动可以弹性使用部分公交路段。高效全覆盖的公共交通将有效化解小汽车通勤"刚需"，并为交通拥堵费改革创造条件。

（2）以公交主导为原则，重新定义现有的路网规划与道路工程方案，使之符合历史文化名城保护与可持续交通发展需要，最大限度保存旧城既有街道肌理和尺度。在北京旧城的胡同街巷，最适宜发展"公交＋步行＋自行车"的交通方式，此种绿色交通也应在全市范围内得到推广。2016年2月，《中共中央国务院关于进一步加强城市规划建设管理工作的若干意见》提出，"树立'窄马路、密路网'的城市道路布局理念"，"积极采用单行道路方式组织交通。加强自行车道和步行道系统建设，倡导绿色出行"，"以提高公共交通分担率为突破口，缓解城市交通压力"。贯彻执行这一意见，就不能继续在北京旧城之内，为小汽车的使用大拆大建宽马路了。

（3）通过有效政策，降低小汽车的使用与持有，措施包括：①通过路权调整，减少小汽车行车道，确保公交优先；②在旧城内不再增设停车场，不再增加停车位，进而减少停车位；③调查、摸清旧城内停车位存量，统一管理，推行一车一位政策，禁止乱停车；④开征交通拥堵费，提高小汽车使用成本；⑤车主可售卖其持有的车辆并保留车牌号。这可为没有停车位的车主提供减持路径。在目前车牌号限量供应的政策下，允许售车人保留车牌号、持牌二次购买车辆，有利于在旧城仍至全市范围内，推行一车一位政策，降低机动车保有量。

必须明确的是，对小汽车交通的任何限制，必须建立在公共交通获得高效发展的前提之下，如果有相当数量的市民不能享受可替代的优质公交服务，这样的限制就会遭到抵制。

六、腾退开放文物建筑

充分把握北京市属行政机构的空间布局调整及非首都核心功能疏解
机遇，对旧城存量空间利用进行优化调整，使更多的文物建筑对外开
放，为社会共享

　　在中央机构与北京市的积极配合下，长期占用全国重点文物保护单位
恭王府府邸的 9 家单位于 2002 年全部搬迁腾退，修复后的恭王府府邸 2008
年对外开放；北京市文物保护单位、位于什刹海东岸的火德真君庙，在文
物部门、中国道教协会、西城区政府的共同投入下，于 2002 年腾退修缮，
将占用其中的部队招待所和近 50 户居民迁离，2008 年修竣后作为道教活动
场所对外开放；在社会各界的呼吁下，部队机关于 2010 年将其长期占用的
全国重点文物保护单位大高玄殿归还故宫博物院管理，2015 年进行修缮，
拟修竣后对外开放。这些文物建筑的腾退、再利用，为解决北京市大量存
在的文物建筑占用问题提供了经验，应在全市范围内积极推广。
　　二十世纪五十年代以来，大量文物建筑被中央及北京市属单位占用，
有的用作办公，有的用作居住，有的作为工厂车间或商业设施使用。其
中，大量中央机构占用王府建筑，如卫生部占用醇亲王府、部队机关占
用庆亲王府、国务院机关占用礼亲王府与惠亲王府、全国政协占用顺承
郡王府、教育部占用郑亲王府、国务院侨办占用理亲王府、外贸部占用
廉亲王府等。目前，全市 40 余座王府中（其中包括 15 座市级文物保护
单位以上的王府院落）仅有恭王府对外开放，其他王府均因历史遗留问
题被机关单位或住户占用。

　　北京市政协委员、北京市文物局前局长孔繁峙 2016 年 1 月提案呼吁制定北京王府文物单位保护和开放规划。他指出，大部分王府因被社会单位住户占用，造成王府建筑年久失修，或结构变形，腐蚀严重；或瓦面塌陷，杂草丛生。同时，因居民生活使用，火险等安全隐患十分严重。王府建筑作为古都的一类重要历史建筑因此不能发挥其应有的社会教育作用。

　　孔繁峙指出，北京王府院落存在的上述问题，是历史造成的，是历年积累的结果，其问题的解决不仅难度大，而且每座王府的占用情况十分复杂，单纯依靠北京地方的力量是无法解决的。首先是产权关系复杂，北京的王府几乎都是中央各部门所有，对产权都有各自的要求；二是占用单位复杂，有中央机关，有事业、企业等各类单位，占用单位搬迁所需资金巨大；三是部分王府已为单位职工居住使用，大量居民的搬迁又是一笔巨大的资金投入等，致使对其的保护利用，成为北京文物保护的一大难点问题。

　　孔繁峙认为，当前，北京正在实施非首都功能疏解、产业结构调整和老城调整等发展战略，北京应借此机遇，统筹解决王府占用单位和住户的搬迁问题。特提出建议：

　　（1）将王府建筑纳入这次全市开展的非首都功能疏解的范围，协调中央部门，共同研究解决王府建筑在"老城重组"过程中的保护、利用问题。

　　（2）研究制定北京王府的保护利用规划，制定占用单位、住户外迁的时间表及修复、开放的年度时间、进度等，争取逐年解决。

　　（3）政府部门就落实王府的保护利用规划，应按职责分工责任并将进度列入年度的工作计划。

　　除了王府建筑，北京还有大量宗教建筑和会馆建筑被各个单位占用，寺庙建筑、会馆建筑同样是老北京文化的重要载体，也应被纳入重点腾退范围。这些文物建筑腾退、修缮后，可恢复其原有功能，或作为公共文化服务场所对外开放，为全社会共享。

　　通州副中心建设、北京市属行政机构从中心城外迁、非首都核心功能疏解，为文物建筑的腾退、再利用提供了巨大机遇，建议采取以下措施推动这项工作：

　　（1）充分利用市属单位及非首都核心功能外迁腾退的房屋土地资源，将之与占用文物建筑的中央机构进行产权置换，实现文物建筑的腾退、修缮、对外开放，使之成为全社会共享的文化资源。

　　（2）通过市属单位外迁、非首都核心功能疏解而腾退的房屋土地资源的再利用，盘活存量资产，获取充足收益，反哺旧城保护，建立北京历史文化名城保护基金，重点投入文物建筑的腾退、修缮。

　　（3）鼓励社会力量介入，与相关组织合作，筹集资金用于宗教建筑的腾退、修缮、开放；与地方政府合作，筹集资金用于会馆建筑的腾退、修缮、开放。

附四：贝聿铭提出，北京应向巴黎学习古城保护

世界著名建筑设计大师贝聿铭强调，北京必须高度重视明清古城的保护，在这方面，应该向巴黎学习。

贝聿铭在北京接受新华社记者采访时说，他曾多次就此问题向中央提出建议。1978 年，他在北京设计香山饭店的时候，就向当时的国务院副总理谷牧提出必须控制北京的建筑高度，以保持其平缓开阔的空间格局；1999 年，他也通过各种渠道呼吁在急速发展中审慎保护北京历史文化名城。在这方面，北京做了大量工作，但总的来看，仍存在不少问题。北京古城举世闻名，但它的很多美丽现在看不到了，它们被大量丑陋的新建筑遮挡和破坏了。

贝聿铭和吴良镛等专家在一封呼吁书中指出，北京古城是世界城市史上历史最长、规模最大的杰作，是中国历代都城建设的结晶。目前，古城虽已遭到一些破坏，但仍基本保持着原来的空间格局，并且还保留有大片的胡同和四合院映衬着宫殿庙宇。一些国际人士建议北京市政府妥善保护古城，并且争取以皇城为核心申请"世界历史文化遗产"。可见，古城虽已遭到一定破坏，但仍应得到积极的保护。北京古城最杰出之处就在于它是一个完整的有计划的整体，因此，对北京古城的保护要着眼于整体。

贝聿铭提出，在整体保护古城方面，巴黎是一个范例。其突出特点在于，将新与旧分开发展，相得益彰，并使城市现代化功能得以完善（见图）。

1965 年，巴黎制定了著名的"大巴黎地区规划和整顿指导方案"。这个规划并未只盯着面积不大的古城区做文章，而是放眼更大范围的大

巴黎地区，寻求新的发展空间，以防止工业和人口继续向巴黎集中。规划改变了原有聚焦式向心发展的城市平面结构，在市区南北两边 20 公里范围内建设一批新城，沿塞纳河两岸组成两条轴线；改变原来以古城为单中心的城市格局，在近郊发展拉德方斯、克雷泰、凡尔赛等 9 个副中心。每个副中心布置有各种类型的公共建筑和住宅，以减轻原市中心负担。

在实施这一规划中，巴黎也在古城区进行了一些新的建设，但是这些新的高层建筑遭到了市民的反对，被认为破坏了巴黎古城的历史风貌。在这样的情况下，巴黎政府从二十世纪七十年代起，开始在香榭丽舍主轴延长线上、古城之外，重点建设新的城市副中心——拉德方斯，并将新建筑集中在这里建设。拉德方斯新区在八十年代初基本建成，每幢建筑的体形、高度和色彩都不相同，有高 190 米的摩天办公楼，有跨度 218 米的拱形建筑，还有各种外墙装饰，景观丰富多彩。

将古与今分开发展，实现新旧两利，使巴黎获得了更大的发展机遇。现在，拉德方斯已建设成为欧洲最大的商务中心区，被整体保护的巴黎古城仍然以其深厚的文化底蕴保持着旺盛活力。

贝聿铭说，相比之下，在中华人民共和国成立之初，北京就失去了一次良好的机遇。政府放弃了梁思成等学者提出的新旧分开建设的发展模式，而是简单地以改造古城为发展方向。在这个过程中，拆除城墙修建环路，使城市的发展失去了控制与连续性，这是错误的。如果城墙还在，北京就不会像今天这样。

1980 年 5 月，贝聿铭在纽约为清华大学访美代表团做了一次演讲，呼吁保护北京壮丽的天际线。他说，故宫金碧辉煌的屋顶上面是湛蓝的天空，但是如果掉以轻心，不加以慎重考虑，要不了五年十年，在

↑附图　高楼林立的拉德方斯在巴黎老城之外建设，与历史文化名城保护相得益彰。

故宫的屋顶上面看到的将是一些高楼大厦。但是现在看到的是多么壮丽的天际线啊！这是无论如何都要保留下去的。怎样进行新的开发同时又保护好文化遗产，避免造成永久的遗憾，这正是北京城市规划的一个重要课题。

贝聿铭指出，北京现在的天际线已遭到相当程度的破坏，故宫周围是不应该建设高楼的。北京应以故宫为中心，由内向外分层次控制建筑高度。中心区的建筑高度要低，越往外，从二环路到三环路，可以越来越高。保护古城最好的办法是，里面不动，只进行改良，高楼建在古城的外面，像巴黎那样，形成新的、有序的面貌。

（文／王军，新华社讯，2001年2月）

第三章

历史文化名城保护机制

一、落实保护机制

全面落实2004年版总体规划关于历史文化名城保护机制的规定，充分调动社会力量，让居民成为房屋修缮保护的主体

　　北京旧城传统四合院民居，身处黄金宝地，却在经济发展和平时期，陷入房危屋破、无人爱惜的境地，这在中国乃至世界城市发展史上是罕见的情况。

　　中国古代城市以统一规划闻名于世，历史上却不靠统一改造来保持房屋质量。千百年来，中国城市住房不需要政府透支财力，多通过产权人自我修缮维护。这当中，产权稳定、市场流通、管理有序，蕴含着宝贵的人文传统（图53）。这样的传统得到了传承，老房子就有人维护，整个历史城区也就自然得到了保护。

　　谚曰"富贵传家不过三代"，一个家庭到了第三代，随着人口增加、房屋不敷使用，势必分家。这时，可交易的产权、公平的房地产市场便能帮助家庭成员分家析产，各置家业，而不会让他们困在老宅中无法脱身，挤成一个大杂院。由于产权稳定，购房者有信心真金白银地修缮或更新房屋。在这样的机制下，老街区便能自然呼吸、自然生长。政府部门只需制定营造标准加以管理，就能使分散的房屋建设保持统一基调，形成和谐的城市景观。

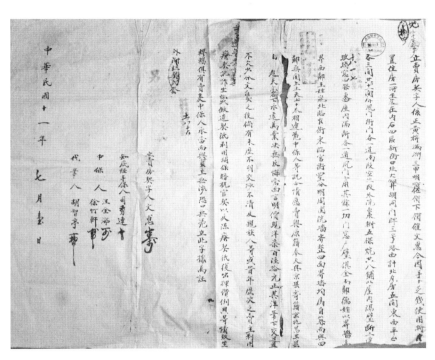

↑图 53　1922 年北京新街口大铜井胡同房屋买卖契约

也有过历史教训。清代顺治年间曾将北京内城房屋收为旗产，性质属国有，分配给旗人居住，禁止买卖。可随着时光推移，旗人因贫富分化而出现大量房屋典当行为，加之城市人口增长造成住房紧张，政府负担沉重，促使旗房不断向私有化、民房化转化。旗房自康熙年间允许在旗内买卖，雍正年间准许旗人购买官房，乾隆年间实现产权私有，咸丰年间开放旗产买卖。[92] 这一过程表明，住房的质量维持与持续供给，政府很难一手支撑，市场这只看不见的手非常重要；明晰而可交易的产权，如同城市的细胞之核，细胞核一旦病变或灭失，城市的肌体就会失去健康。

中华人民共和国成立之初，政府部门对房地产重新登记，发放房地产所有证（图54）。1949年8月，《人民日报》载文阐明国家对北京市公私房产的基本政策，明确保护私有房屋的合法权益。经过公逆产清管，[93] 到1953年底，北京市清查城区及关厢房屋共登记119万多间，其中私房占67%。[94]1951年，城市房地产税开征（图55，图56）。1954年宪法规定，国家保护公民的合法收入、储蓄、房屋和各种生活资料的所有权。这激发了产权人自我修缮房屋并爱惜其名下资产。可是，"极左"时期，房屋产权体系遭到破坏，私房或被违法充公，或被违法侵占，大杂院和危房问题由此产生。"文革"结束后，对私房政策的落实经历了漫长过程，房屋质量加速恶化。

92. 张小林 . 清代北京城区房契研究 [M]. 北京：中国社会科学出版社，2000: 103-148.
93. 指对公共财产、敌伪产等进行清理、接管、没收。
94. 王军 . 拾年 [M]. 北京：生活·读书·新知三联书店，2012: 172.

↑图 54　1952 年北京市人民政府地政局颁发的房地产所有证

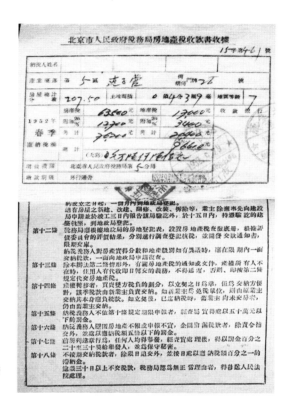

→图 55　1952 年北京市人民政府
税务局房地产税收款书收据

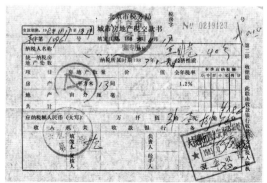

→图 56　1983 年北京市税务局城
市房地产税交款书

四合院公房也未得到应有的质量维护。北京市社会科学院 2005 年发布的《北京城区角落调查》指出："大多数居民住在产权名义上归政府、由房管所管理维护的平房四合院里，可是低廉的租金根本就不足以维持平房四合院的基本维护，更谈不上居民住房条件的改善与历史风貌的保护"，"一方面是有产权但收入不足以维护，另一方面是居民无产权长期低价租住，经常私搭乱建，甚至出现多手转租。有的平房四合院的产权名义上归某家单位，可这个单位实际上已经名存实亡。同时，还有一些属于私人产权的平房四合院夹杂在混乱无序的平房四合院中"。大量公房产权主体缺位以及公私产混杂的状况，使院落细胞失去健康的生命之核，还排斥了市场交易的可能。

1952 年的调查显示，北京城区危险房屋仅为城区旧有房屋的 4.9%。可到了 1990 年，旧城内三、四、五类房（一般损坏房、严重损坏房和危险房），达到平房总量的 50% 左右（图 57，图 58）。政府部门遂通过强制性拆迁方式启动改造计划。面对推土机的强势，加上产权混乱，老房子虽然身处黄金宝地，也是无人敢买、无人敢修，它们不是被拆掉，就是陷入更加严重的衰败。

历史街区存在的这类问题，看似物质形态问题，实为城市生长机制问题。二十世纪九十年代以来北京危旧房改造工作表明，以房地产开发方式推行大规模拆除重建，不但激化了社会矛盾，还无助于危房问题的根本解决——强制性拆迁动摇了整个社会的财产权信心，财产权一旦失去稳定，新建住房也会失养，势必重蹈传统民居衰败的覆辙。因此，解决危房问题，必须立足于财产权保护，另辟蹊径。如能修复房屋产权与交易机制，旧城内的存量建筑就可能得到市场力量的滋养，再获生机。

在这方面，《北京城市总体规划（2004 年—2020 年）》作出了积

↑图 57 1912 年，北京钟楼东北侧四合院民居状况。

来源：阿尔贝·肯恩博物馆. 旧京影像 [M]. 北京：中国林业出版社，2001.

↑ 图 58 2003 年，北京钟楼东北侧四合院民居状况。

极探索，在国内率先对历史文化名城的保护机制作出基于财产权保护的规定："建立健全旧城历史建筑长期修缮和保护的机制。推动房屋产权制度改革，明确房屋产权，鼓励居民按保护规划实施自我改造更新，成为房屋修缮保护的主体。制定并完善居民外迁、房屋交易等相关政策。"其着眼点，正是修复城市自然生长的传统。如能全面深入推行这一保护机制，彻底解决历史遗留的产权问题，制定以财产权保护为核心的政策，衰落的历史街区就可能去除沉疴，焕发活力。

可是，2004 年版总体规划关于历史文化名城保护机制的实施并不理想，突出体现在：

（1）房屋产权制度改革未获推进。在大规模危旧房改造背景下，北京旧城之内的四合院公房没有参加 1998 年房改，持续至今，已衍生一系列问题。

从居民的角度看，如果通过房改获得了产权，他们就可以卖旧房、买新房，卖小房、买大房，通过房地产市场分享社会增值，一圆安居之梦。

一些四合院交易中介机构的运营表明，只要产权明晰、可以交易，大杂院分散的产权就可通过市场流通予以整合，由新的买家修缮房屋，从根本上改变其混乱状况。

目前，大量直管公房并没有得到有效管理、私搭乱建、人户分离、违法转租转借、使用权违法交易等问题普遍存在。这也说明，政府部门没有必要将这些房屋的产权全部揽在自己手里，应通过保障房优先供应直管公房住户，居民自愿外迁，建立长效机制，有效降低平房区人口密度。在此基础上，可将一定比例的公房留作廉租房或公租房，其余进行房屋产权制度改革，有序建立存量四合院的产权与交易机制。

北京旧城内的房屋包括房管部门直接管理的直管公房、单位自管公房和私房。《北京志·房地产志》显示，1990 年，北京全市直管公房建筑面积 2 688.82 万平方米，占全市房屋建筑面积的 13.24%。国际文化发展公益基金会 2004 年发布的《北京胡同保护方案》显示，在烟袋斜街和钟鼓楼地区，65% 被调研建筑为直管公房，其余皆为私房；炒豆胡同调研区内 63% 为单位自管公房，26% 为私房，11% 为直管公房。

直管公房中还存在相当数量存在争议的经租房，如能以适当方式将这些房产归还原产权人，解决历史遗留问题，将不存在争议的房产进行私有化改革，这些老院落即可在市场中流通，充分利用社会资金实现自我"康复"，政府也就省去了危改负担。

（2）在明确房屋产权方面，私房历史遗留问题未获彻底解决。2003 年，北京市采取有力措施，基本解决了"文革"遗留的标准租私房问题，但经租房问题尚未获得彻底解决。

1958 年北京市对城市私人出租房屋实行经租政策，将城区内 15 间或建筑面积 225 平方米以上的出租房屋、郊区 10 间或 120 平方米以上的出租房屋，纳入国家统一经营收租、修缮范围，按月付给房主相当于原租金 20% 至 40% 的固定租金。"文革"发生后的 1966 年 9 月，固定租金停止发放，房主被迫上交房地产所有权证。据《北京志·房地产志》记载，1958 年北京市经批准纳入国家经租的有 5900 多户房主的近 20 万间房屋（图 59）。

经租户不断上访，要求归还产权。由于存在争议，经租房难以上市流通。应该看到，被经租的房屋，皆是中华人民共和国成立后经过房地产登记，发放了房地产所有证的合法房地产，经租政策是特定历史时期的产物。在当前宪法规定"公民的合法的私有财产不受侵犯"的情况下，应以适当方式，妥善解决经租房历史遗留问题。也只有这样，才能明确房屋产权，为建立流水不腐的四合院产权交易机制创造条件。

（3）私有四合院的土地使用权存在争议。1982 年宪法规定城市土地属于国家所有之后，国家土地管理局 1990 年提出"公民对原属自己所有的城市土地应该自然享有使用权"，1995 年又在《确定土地所有权和使用权的若干规定》中提出"土地公有制之前，通过购买房屋或土地及租赁土地方式使用私有的土地，土地转为国有后迄今仍继续使用的，可确定现使用者国有土地使用权"。北京市对这类土地的使用权尚未予以确认、登记，相关部门认为其属无偿划拨，在旧城改造中可以无偿收回，而四合院所有人认为当初是连房带院一块儿购买的，理应享有整个院落的土地使用权，以致争议不断。

对以上问题应予以细致研究，寻求最优解决方案。应本着有利于整体保护的原则、有利于居民切身利益的原则，处理好政府和市场的关系。应全面执行 2004 年版总体规划规定的保护机制，结合不动产登记及房地产税改革，借鉴历史经验，通过制度创新，解决产权问题。

在此基础上，建立房地产交易平台，充分发挥房地产中介作用，鼓励通过市场交易，实现不动产权属整合。应该看到，旧城区陷入衰败，是因为长期以来产权交易停歇，不动产不能呼吸乃至窒息，因此必须对症下药。政府可先行采取鼓励政策（包括税费减免或补贴）激活产权交易，以"人工呼吸"唤醒"自然呼吸"，修复产权交易机制（图 60，图 61）。

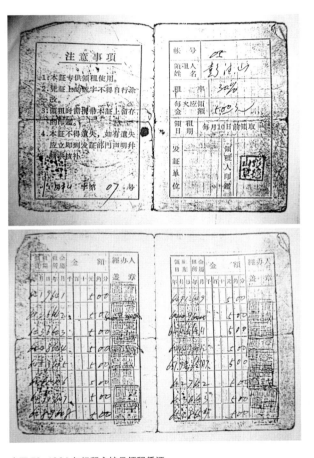

↑图 59 1964 年经租户按月领租凭证

↑ 图 60　2006 年 5 月，在南锣鼓巷历史文化保护区，前鼓楼苑 7 号院在修缮之中。

↑图 61 2010 年 6 月，修缮后的前鼓楼苑 7 号院，已是颇受海内外游客青睐的四合院宾馆。

二、基础设施与公共服务

完善公共服务，制定符合历史文化名城保护的基础设施接入方式，全面提升旧城区市政服务与管理水平，使居民生活水平得到显著提高

（一）政府主导，服务社区。历史城区保护必须明确政府主导原则，加大政府在本地区的公共服务投入力度，而不是引入房地产开发资本施行大规模改造，以确保"见人见物见生活"。政府主导，必然以服务当地社区为导向，使社区居民的生活质量得到改善、生活内容得以丰富。保护计划的实施，必须与社区建设相结合，需在这方面形成长效机制。

（二）打通穴位，强筋健骨。北京旧城内分布着大量寺庙建筑，它们在历史上是重要的城市公共空间，如同城市躯体的穴位，在社会生活组织及社区文化认同方面，发挥着积极作用，也是城市文化最为活跃的场所，从不同层面提升着社区价值（图62）。二十世纪五十年代之后，这些寺庙空间不断缩减或陷入衰败，被大量改作他用，其所具备的社会功能被严重削弱，甚至灭失，并导致城市公共空间缺失，不利于熟人社会、社区认同、居民自组织能力的培植。

应该看到，优质公共空间的供给，在社区营造与城市复兴中具有重要的社会意义。应再度挖掘包括既有寺庙建筑在内的城市公共空间，通过宗教活动的恢复或建设社区博物馆、图书馆等，使之重新具备公共空间性质，成为凝聚人心的精神文化场所。这些空间可大可小，可繁可简，应与社区文化建设融合，成为城市活力的新源泉。公共空间的建设，必

↑图62 《乾隆京城全图》中的大栅栏地区。深色部分为作者标注的寺庙院落位置
来源：王军. 采访本上的城市 [M]. 北京：生活 • 读书 • 新知三联书店，2008.

将提升其所在地区及整个城市的吸引力和不动产价值，也会促进其所在地区不动产的流通、整合，激发社会力量参与历史街区保护。

　　传统街区的衰败问题，还与基础设施老化落后、接济不力相关。应按照《历史文化名城保护规划规范》进行与旧城保护相适应的基础设施建设，以"强筋健骨"，提升市政服务与管理水平；急居民之所急，实现厨卫入户，在人口疏解之时，将大杂院改善为成套住宅。这些举措，不但会使居民直接受益，还将提升不动产价值，吸引社会力量有序购买、租赁并按照导则修缮老旧建筑，增强社区活力。

　　在这方面，什刹海烟袋斜街的保护模式值得重视。2001年在烟袋斜街施行的保护规划，以财产权保护为基础，政府部门投入不到160万元，改善了市政设施，提升了地段价值，利用了社会资金，激活了整个街区的修缮、保护（图63）。

↑图 63 烟袋斜街的吹糖人。基于财产权保护的政策使这条商业街焕发活力。

三、社区营造

加强社区建设，营造旧城保护的公众参与机制

各项保护措施的制定、出台，须经过公众参与的过程，包括广泛听取居民意见，了解他们对社区建设的要求与寄望。只有经过了充分的公众参与，历史街区的保护才能凝聚共识，产生合力，保护政策的实施才有保障。

在社区营造方面，东城区朝阳门街道办事处在史家胡同进行了积极探索，2013 年开辟史家胡同博物馆，发动居民捐献展品，进行了有效的社区动员，使博物馆成为社区的"文化祠堂"，增进了居民的社区认同。在此基础上，2014 年又成立由居民、产权单位、辖区单位、房屋管理部门、社区工作者、专家等组成的史家胡同风貌保护协会，使之成为社区协作的平台，聘请胡同规划建筑师参与风貌保护，与北京市城市规划设计研究院就街区保护、公众参与等开展深度合作，取得了有益经验（图 64，图 65）。

实践证明，历史文化名城保护的力量孕育在广大人民群众之中，街道与社区大有可为。应及时总结并推广相关经验，加强基层建设，培植社会力量，为历史街区的复兴探索新路。

↑图64 2014年9月，史家胡同风貌保护协会成立。

↑ 图 65 史家胡同风貌保护协会聘请胡同规划建筑师参与风貌保护。

四、旧城保护新型财政模式

建立支撑旧城保护的新型财政模式，保持政策前瞻，预留改革空间，
为推进国家治理体系和治理能力现代化提供先行先试的经验

　　北京旧城内还存在私有房屋继承人过多、产权高度碎片化问题，这
也是导致房屋质量衰败的重要原因。解决不动产权属分散状况，还需国
家宏观政策保障。目前，不动产登记已经启动，房地产税开征已纳入计
划，这些改革措施到位后，必然促使不动产权属整合。因此，在保护计
划制定与实施时，必须怀有政策前瞻，保持政策定力，为未来的改革预
留空间，不能因为宏观政策调整还没有到位，就采取简单、粗糙的办法
对存量不动产进行硬性流转。

　　2004 年版总体规划提出："密切关注国家财税制度改革（物业税
与财产税）与土地使用制度改革的政策，研究其对城市布局和产业布局
带来的深刻影响，在规划实施中积极应对，并适时研究和制定相关配套
措施，以保持城市规划在新的发展环境下的宏观调控和综合协调作用。"
这一前瞻性判断，表明规划编制者的目光已不仅仅停留在对物质空间的
定义上，城市形态的内在生成机制也被纳入总体规划的研究范围，这是
必须坚持的方向。

　　在旧城区进行的基础设施建设和公共服务投入，必将提升本地区乃
至整个城市的不动产价值，随着今后房地产税的开征，这些投入即可正
常返还财政，形成优质而稳定的税源。应将北京历史文化名城保护计划，

纳入房地产税改革和存量城市保育的长期实践范畴，以为中共十八届三中全会提出的"推进国家治理体系和治理能力现代化"提供先行先试的经验。

与此同时，北京市政府可充分发挥土地一级市场的宏观调控作用实现以下目标：

（1）严格控制旧城区土地供应，禁止大规模房地产开发进入。

（2）通过新城土地开发，获取高额土地出让收益，转移支付旧城保护，在全市层面实现财政平衡。

（3）实现不同城区的水平分工，制定有区别的干部考核标准，真正树立历史文化名城保护也是政绩的观念。

结语

一、一万多年前，中国所在的东亚地区与两河流域新月沃地独立出现种植农业，人类历史由此开创了新纪元。此后，新月沃地文化因战争与生态环境恶化出现断裂，唯中国所在地区的文化与文明持续发展至今，这是人类历史仅见的现象，也是中华文明最值得骄傲之处。北京旧城虽创建于晚期，其体现的宇宙模式与观象授时体系却直通农业文明之滥觞，彰显中华文化惊人的连续性；北京旧城是"中"字形中国古代城市的杰出代表和伟大结晶，虽然遭到较大规模拆除，其留存面积依然可观，必须尽最大力量加以保护。

二、由西方开创的近代文明，使人类进入增长主义模式，人人关系得到发展，却在生态环境、自然资源利用等方面存在缺失，天人关系发生恶化。由垃圾场支撑大卖场的增长主义生产生活方式不能实现自我循环，如不予以校正，人类文明将不可持续。我们有理由相信，二十一世纪将是人人关系和天人关系均得到良性发展的世纪，北京博大精深的历史文化所体现的中华先人天人合一、包容发展的理念，正可为实现人类文明可持续和平发展，提供宝贵的思想资源。这是中国人应该为人类作出的贡献，也是国家软实力的重要支撑。

三、北京元明清城市考古研究已取得宝贵经验，应将城市考古工作向城市更古老的时代延伸，探明蓟、幽州、辽南京、金中都城址状况，改变在旧城保护中对承载了早期城市历史的宣南地区的忽视，以切实举措停止对宣南的继续拆除，落实总体规划关于实施旧城整体保护的规定。

四、丰富的历史文化资源将为北京实现与周边省市有区别的发展提供支撑，为区域协调提供保障。房地产税改革将使北京市从历史文化保护中获得可观的财政收入，推动政府行为转型。此项改革涉及公私利益关系的重大调整，可望解决长期以来包括文物保护在内的公共服务投入带来的巨大社会增值无法正常返还财政的局面，推进国家治理体系和治理能力现代化。北京作为首善之区，应积极投入这项改革，在历史文化保护、京津冀区域协调发展方面，取得可示范的经验。

五、北京旧城仅占中心城面积的 5.76%，如同城市的心脏。二十世纪五十年代以来的旧城改造已使这颗心脏不堪重负，并导致职住严重失衡的单中心城市结构，引发交通拥堵、环境污染等一系列城市功能障碍。欲根治北京的城市病，就必须调整单中心城市结构，守住整体保护旧城的底线，倒逼新的建设量转移至重点发展的新城，推动全市平衡发展。

六、从全市的整体利益出发、从国家利益出发、从保护人类文化遗产的责任出发，都应采取有力措施停止旧城内所有成片拆除项目；通过扩大、整合旧城现有历史文化保护区，增加新的历史文化保护区，将旧城内未被划入保护区的历史地段，全部公布为历史文化保护区，全面落实整体保护旧城的总体规划规定；应将旧城内的棚改计划变更为历史文化名城保护计划，严禁以棚改之名大拆大建；停止对四合院的低标准修缮，代之以原工艺高标准修缮，使旧城区成为传统木结构建筑营造工艺的传承基地；在市域或京津冀区域范围内优化调整中央行政职能的空间布局，合理安排部分中央机构外迁，避免因中央机构原地扩建造成对旧城的继续拆除。

七、健全房屋管理体制，建立直管公房租赁退出机制，实现保障房供应与人口疏散的常态对接，严厉打击各类违法建设以及在房屋管理中的以权谋私、失职渎职行为，形成旧城保护与人口疏散的良性机制，保持社会结构与文脉的稳定、持续。

八、按照国家新型城镇化规划，建设公交主导型紧凑城市，调整道路红线规划，保持旧城区"窄路密网"肌理，发展与之相适应的"公共交通＋步行＋自行车"绿色交通模式；通过路权调整，确保公共交通优先发展，改变市民对小汽车通勤的依赖，限制小汽车使用，制定机动车减持政策。

九、充分利用通州副中心建设、北京市属行政机构空间布局调整、非首都核心功能疏解提供的巨大机遇，通过腾退房屋土地的再利用、产权置换，实现被占用文物建筑的腾退、修缮、开放；建立北京历史文化名城保护基金，调动各方力量，加大文物保护投入，使文物建筑得到有尊严的修缮利用。

十、在实现旧城人口疏解之时，优化存量公房分配，实现厨卫入户，为被保障居民提供体面生活环境；彻底解决私房历史遗留问题，落实2004 年版总体规划关于历史文化名城保护机制的规定，参照 1998 年住房制度改革政策，将部分公房进行私有化改革，还权赋能，修复产权与市场交易机制，以居民为保护修缮的主体，禁止大规模房地产开发进入，再造旧城自我生长机制。

十一、以与旧城保护相适应的基础设施接入方式，提高市政服务与管理水平，加大对公共空间资源的保护与利用力度，打通城市之穴，促进血液循环，推升不动产价值，增进产权交易；制定适宜的房屋修缮导则，以院落为单位，实现旧城复兴的"微循环"；通过公众参与，推动社区营造，培植居民自组织能力，变"要我保护"为"我要保护"。

十二、积极探索房地产税改革，通过不动产登记，厘清旧城房屋产权关系，制定以财产权保护为基础的旧城复兴计划，充分发挥市级政府垄断经营土地一级市场的宏观调控作用，结合税制改革，建立旧城保护的新型财政模式，为可持续的历史文化名城保护提供示范。

附录: 对总体规划历史文化名城保护草案的建议[95]

　　总体规划关于历史文化名城保护的草案在北京历史文化价值、保护内容、保护措施等方面提出了新见解、新对策，建立了较为完善的保护体系，许多方面比上一版总体规划有进步，特别是提出了构建四个层次、两大重点区域、三条文化带、九个方面的保护体系，对过去较忽视的三山五园提出了明确的保护措施，令人鼓舞。此外，进一步充实了非物质文化遗产保护内容，更加全面、深入挖掘了北京历史文化价值，非常可贵。

　　草案提出推动北京成为世界文化名城、世界文脉标志，这非常重要。中国是一万多年前种植农业产生之后，唯一没有中断的文化与文明体，作为世界文脉的标志，北京当之无愧。只是如何站在人类文明史的高度，进一步挖掘这方面的资源，加深这方面的认识，继而有针对性地提出保护措施，相关内容仍需充实。

　　本人在"北京历史文化名城保护与文化价值"专题研究中，得到的一大收获，就是进一步认清了北京历史文化名城的时空格局。之所以称之为时空格局，乃是因为中国古代特有的天文观测体系决定了空

---

95. 本文是 2017 年 4 月《北京城市总体规划（2016 年—2035 年）》草案公开征求意见期间，本人应北京市城市规划设计研究院邀请，就草案关于历史文化名城保护的内容，提出的书面意见。

间与时间的密合，由此生成时空合一的人文观，这在北京中轴线（子午线）与日、月坛东西线（卯酉线）交会于紫禁城三大殿区域的城市格局中有着经典体现，这是中华先人为测定二十四节气所建立的观测体系之孑遗，这一体系事关农业文明之发生，极为古老，也极为重要，它仍呈现在北京城市格局之中，称之为导源于种植农业之"世界文脉"（一万多年前的农脉或文脉，西亚那支已断，就剩下东亚这一支了），并不为过。

接下来的问题是，如何跟进保护措施？草案在这方面阐释不详，可予以充实。建议将"坚持整体保护十重点"中的第一条"保护传统中轴线"，改写为："保护传统中轴线及其与日、月坛构成的时空格局"，并在该条说明文字之后，补充一句："整治日坛、月坛周边环境，控制日坛—三大殿—月坛空间视廊，发掘、提升遗存于城市之中、导源于上古天文观测与种植农业的时空格局。"

北京的子午卯酉时空格局极其重要，这是其作为世界文脉的见证。在这一格局之中，紫禁城及城市中轴线、古代祭坛等组成庞大的遗产规模。在这方面，草案提出保护九坛八庙，特别是加强古代祭坛的保护，非常正确也非常及时。但仍须站在世界文脉的高度提出更加系统的保护措施，建议在建筑高度的规定中，加入"严格控制紫禁城、天坛、地坛、日坛、月坛、先农坛周边区域的建筑高度，不再增加新的高层建筑"（在故宫里面看见那个"中国尊"一层一层往上盖，真是故宫之尊严尽失！中国之尊严尽失！不能再出现这样的情况了！）；在关于景观视廊的规定中，建议加入"保护在故宫平台向四周瞭望的开阔视线，严格规划审批"。

另外，对三山五园地区也应明确提出建筑高度的控制要求。颐和园万寿山附近有一单位盖了一幢大楼，严重破坏了昆明湖北望万寿山的景观，是极大败笔，不能再使发生。特建议在适当位置加入："严格控制三山五园地区的建筑高度，确保望得见山、看得见水。禁止在这一地区建设高层建筑，确保五园能望三山。控制城市北部、西部邻山地区高层建筑的发展，确保北山、西山轮廓线不被遮挡，保护城市观山视廊。"

草案提出"逐步将核心区内具有历史价值的街区纳入历史文化街区保护名单"，这非常重要，唯之后提出的 2020 年达到 26% 左右，2030 年提高到 28% 左右，较难理解，一是能否做到对旧城内未被拆除区域的全覆盖？二是为什么要两步走？能否争取一步到位？就怕一步不能到位，以后就没有什么文章可做了！所以，建议在适当位置加一句："采取措施将旧城内尚存的传统街区纳入历史文化保护区，实现旧城之内历史文化保护区全覆盖。"

北京历史文化名城还保存了早期城市如唐辽金故城的街道痕迹，对早期城市史迹的保护十分重要，其重点在宣南。在过去十多年，宣南地区遭到极大破坏，应及时采取抢救措施。草案提出保护和恢复金中都太液池遗址——鱼藻池，非常重要。能否对城市早期遗址的保护也写上一句话？建议在适当位置加入："发掘、抢救、保护见证城市早期历史的街道—街区遗迹，加大对宣南地区的保护，整合见证唐、辽、金城市史及上溯三千多年建城史的历史文化资源，丰富北京作为中华文明源远流长伟大见证的内容。"

由此，建议在文化精华区中加入宣西—棉花片区，特别是宣西片已是唐辽金故城和明清会馆区仅存的完整片区，不容再失；棉花片虽遭蚕噬，仍存多条胡同，应该做到能保尽保！对宣南地区的保护，必须不留死角。对整个旧城来说，也是这样！

在保护机制中，能否保留上一版总规提出的推动房屋产权制度改革？上一版总规提出让居民成为房屋修缮保护的主体，这十分重要，也建议保留。就是不能让开发商成为主体，他们一成为主体，保护就无从谈起了。

特建议完整保留上一版总体规划关于保护机制的下述规定，即"建立健全旧城历史建筑长期修缮和保护的机制。推动房屋产权制度改革，明确房屋产权，鼓励居民按保护规划实施自我改造更新，成为房屋修缮保护的主体。制定并完善居民外迁、房屋交易等相关政策"，同时保留上一版总规关于"遵循公开、公正、透明的原则，建立制度化的专家论证和公众参与机制"的规定。

还有，就是大拆大建问题，上一版总规明确提出："积极探索适合旧城保护和复兴的危房改造模式，停止大拆大建。"这亦十分重要，建议保留，至少要在一个地方写明"禁止大拆大建"。

草案提出"以原工艺高标准修缮平房四合院，使老城成为传统营造工艺的传承基地"，这非常好！与此相适应，建议在该条增加一句"整理、传承传统营造工艺"，并将这一条的标题改为"保护和恢复与北京历史文化密切相关的非物质文化遗产"。

以上建议不尽全面，谨供参考。

王军

2017 年 4 月 13 日

注：书稿中未标明来源的图片，均为作者自摄或作者收集。

参考文献

[1] 吴良镛．北京旧城保护研究：上篇 [J]．北京规划建设，2005(1)．

[2] 梁思成．中国建筑史 [M]．油印本．中华人民共和国高等教育部教材编审处．1955．

[3] 梁思成．梁思成全集：第 4 卷 [M]．北京：中国建筑工业出版社，2001．

[4] 梁思成．北京——都市计划的无比杰作 [J]．新观察，1951. 2(7)．

[5] Edmund N. Bacon. Design of Cities [M]. New York: The Viking Press, 1967.

[6] 吴良镛．北京旧城与菊儿胡同 [M]．北京：中国建筑工业出版社，1994．

[7] 李约瑟．中国科学技术史：第四卷天学：第一分册 [M]．北京：科学出版社，1975．

[8] 孙家鼐．钦定书经图说 [M]．天津：天津古籍出版社，1997．

[9] 周礼注疏 [M]// 十三经注疏：第 2 册．清嘉庆刊本．北京：中华书局，2009．

[10] 中国天文学史整理研究小组．中国天文学史 [M]．北京：科学出版社，1981．

[11] 李诚．营造法式：第五卷 [M]．北京：中国建筑工业出版社，2006．

[12] 萧良琼．卜辞中的"立中"与商代的圭表测景 [G]// 科技史文集：第 10 辑．上海：
上海科学技术出版社，1983．

[13] 冯时．中国古代的天文与人文 [M]．修订版．北京：中国社会科学出版社，2006．

[14] 鹖冠子：卷上 [M]// 影印文渊阁四库全书：第 848 册．台北：台湾商务印书馆，
1986．

[15] 淮南鸿烈解：卷三 [M]// 影印文渊阁四库全书：第 848 册．台北：台湾商务印书馆，
1986．

[16] 王本兴．甲骨文字典 [M]．修订版．北京：北京工艺美术出版社，2014．

[17] 冯时．中国古代物质文化史•天文历法 [M]．北京：开明出版社，2013．

[18] 中国科学院考古研究所．西安半坡 [M]．北京：文物出版社，1963．

[19] 范晔．后汉书：卷四十上：班彪列传第三十上 [M]．北京：中华书局，1965．

[20] 尚书正义 [M]// 十三经注疏：第 1 册．清嘉庆刊本．北京：中华书局，2009．

[21] 竺可桢．论以岁差定《尚书•尧典》四仲中星之年代 [M]// 竺可桢文集．北京：科
学出版社，1979．

[22] 冯时．河南濮阳西水坡 45 号墓的天文学研究 [J]．文物，1990(3)．

[23] 竺可桢．二十八宿起源之时代与地点 [M]// 竺可桢文集．北京：科学出版社，1979．

[24] 夏鼐.从宣化辽墓的星图论二十八宿和黄道十二宫 [M]// 夏鼐文集：中.北京：社会科学文献出版社，2000.

[25] 四库术数类丛书（六）[M].上海：上海古籍出版社，1991.

[26] 司马迁.史记 [M].北京：中华书局，1959.

[27] 于敏中，等.日下旧闻考：第 1 册 [M].北京：北京古籍出版社，1983.

[28] 郑樵.通志·天文略 [M].杭州：浙江古籍出版社，2000.

[29] 晋书·天文志：上 [G]// 历代天文律历等志汇编（一）.北京：中华书局，1975.

[30] 侯仁之.侯仁之文集 [M].北京：北京大学出版社，1998.

[31] 论语注疏：卷二：为政第二 [M]// 十三经注疏：第 5 册.清嘉庆刊本.北京：中华书局，2009.

[32] 何溥.灵城精义：卷下 [M]// 四库术数类丛书（六）.上海：上海古籍出版社，1991.

[33] 张忠培.我认识的环渤海考古——在中国考古学会第十五次年会上的讲话 [J].考古，2013(9).

[34] 苏秉琦.中国文明起源新探 [M].北京：人民出版社，2013.

[35] 冯时.红山文化三环石坛的天文学研究——兼论中国最早的圜丘与方丘 [J].北方文物，1993(1).

[36] 李东阳，申时行.大明会典：第三卷 [M].台北：新文丰出版公司，1976.

[37] 王贵祥.与唐宋建筑柱檐关系 [G].建筑历史与理论 (3, 4).南京：江苏人民出版社，1984.

[38] 王贵祥.唐宋单檐木构建筑平面与立面比例规律的探讨 [J].北京建筑工程学院学报，1989(2).

[39] 王贵祥.唐宋单檐木构建筑比例探析 [C].第一届中国建筑史学国际研究讨会论文选辑，1998.

[40] 小野胜年.日唐文化关系中的诸问题 [J].考古，1964(12).

[41] 巴黎大学北京汉学研究所.汉代画像全集：二编 [M].上海：上海商务印书馆，1951.

[42] 王延寿.鲁灵光殿赋 [M] // 萧统.文选：卷十一.北京：中华书局，1977.

[43] 宋刻算经六种 [M].北京：文物出版社，1981.

[44] 新镌京版工师雕斫正式鲁班经匠家镜 [M].海口：海南出版社，2003.

[45] 张衡.东京赋 [M]// 萧统.文选：卷三.北京：中华书局，1977.

[46] 礼记正义：卷二十二：礼运 [M]// 十三经注疏：第 3 册.清嘉庆刊本.北京：中华书局，2009.

[47] 陈明达.独乐寺观音阁、山门的大木作制度：上 [G]// 建筑史论文集：第 15 辑.北京：

清华大学出版社，2002.

[48]　Liang Ssu-ch'eng. A Pictorial History of Chinese Architecture[M]. Cambridge: The MIT Press, 1984.

[49]　张十庆.《营造法式》材比例的形式与特点——传统数理背景下的古代建筑技术分析 [G]// 建筑史：第 31 辑. 北京：清华大学出版社，2013.

[50]　王其亨. 清代拱券券形的基本形式 [J]. 古建园林技术，1987(2).

[51]　王其亨. 双心圆：清代拱券券形的基本形式 [J]. 古建园林技术，2013(1).

[52]　傅熹年. 中国古代城市规划、建筑群布局与建筑设计方法研究：上下册 [M]. 北京：中国建筑工业出版社，2001.

[53]　周髀算经：卷上之一 [M]// 影印文渊阁四库全书：第 786 册. 台北：台湾商务印书馆，1986.

[54]　吕氏春秋：卷十二：序意 [M]// 影印文渊阁四库全书：第 848 册. 台北：台湾商务印书馆，1986.

[55]　宋濂，等. 元史：卷一百五十七 [M]. 北京：中华书局，1976.

[56]　周易正义 [M]// 十三经注疏：第 1 册. 清嘉庆刊本. 北京：中华书局，2009.

[57]　周南瑞. 天下同文集：卷十六 [M]// 影印文渊阁四库全书：第 1366 册. 台北：台湾商务印书馆，1986.

[58]　侯仁之. 试论元大都城的规划设计 [J]// 城市规划，1997(3).

[59]　于希贤.《周易》象数与元大都规划布局 [J]// 故宫博物院院刊，1999(2).

[60]　熊梦祥. 析津志辑佚 [M]. 北京：北京古籍出版社，1983.

[61]　冯时. 中国天文考古学 [M]. 北京：中国社会科学出版社，2010.

[62]　尔雅注疏：卷六：释天第八 [M]. 十三经注疏：第 5 册. 清嘉庆刊本. 北京：中华书局，2009.

[63]　孛兰肹，等. 元一统志：上 [M]. 北京：中华书局，1966.

[64]　孙承泽. 天府广记 [M]. 北京：北京古籍出版社，1984.

[65]　刘敦桢. 中国古代建筑史 [M]. 北京：中国建筑工业出版社，1980.

[66]　中国科学院考古研究所，北京市文物管理处元大都考古队. 元大都的勘查和发掘 [J]. 考古，1972(1).

[67]　中国科学院考古研究所，北京市文物管理处元大都考古队. 北京后英房元代居住遗址 [J]. 考古，1972(6).

[68]　中国科学院考古研究所，北京市文物管理处元大都考古队. 北京西绦胡同和后桃园的元代居住遗址 [J]. 考古，1973(5).

[69] 北京市文物研究所.北京西厢道路工程考古发掘简报 [G]// 北京文物与考古,
    1994(4).

[70] 庄子注:卷一:齐物论第二 [M]// 影印文渊阁四库全书:第 1056 册.台北:台湾商
    务印书馆,1986.

[71] 方元.不动产税助力历史街区保育的国际经验 [J].瞭望,2015(22).

[72] 王军.历史的峡口 [M].北京:中信出版社,2015.

[73] 王军.透析城镇化模式之变 [J].瞭望,2015(29).

[74] 王军.新北京难题 [J].瞭望,2004(28).

[75] 赵燕菁.中央行政功能:北京空间结构调整的关键 [J].北京规划建设,2004(4).

[76] 梁思成.清式营造则例 [M].北京:清华大学出版社,2006.

[77] 北京市社会科学院"北京城区角落调查"课题组.北京城区角落调查 [M].北京:社
    会科学文献出版社,2005.

[78] 新都市主义协会.新都市主义宪章 [M].杨北帆,张萍,郭莹,译.天津:天津科学
    技术出版社,2004.

[79] 张小林.清代北京城区房契研究 [M].北京:中国社会科学出版社,2000.

[80] 王军.拾年 [M].北京:生活·读书·新知三联书店,2012.

[81] 阿尔贝·肯恩博物馆.旧京影像 [M].北京:中国林业出版社,2001.

[82] 北京市地方志编纂委员会.北京志:市政卷:房地产志 [M] 北京:北京出版社,
    2000.

[83] 王军.采访本上的城市 [M].北京:生活·读书·新知三联书店,2008.

索引

图书在版编目（CIP）数据

建极绥猷：北京历史文化价值与名城保护 / 王军著
. -- 上海：同济大学出版社，2019.3
　ISBN 978-7-5608-8135-5

　Ⅰ.①建… Ⅱ.①王… Ⅲ.①城市规划 – 研究 – 北京
Ⅳ.① TU984.21

中国版本图书馆 CIP 数据核字（2018）第 204655 号

建极绥猷：北京历史文化价值与名城保护

王 军 著

出 品 人　华春荣

责任编辑　江　岱
助理编辑　苏　勃　金　言
责任校对　徐春莲
装帧设计　张　微

出版发行　同济大学出版社 www.tongjipress.com.cn
　　　　　（地址：上海市四平路 1239 号　邮编：200092　电话：021–65985622）
经　　销　全国各地新华书店
印　　刷　上海安枫印务有限公司
开　　本　890mm×1 240mm　1/32
印　　张　5.25
印　　数　1—3 100
字　　数　141 000
版　　次　2019 年 3 月第 1 版　　2019 年 3 月第 1 次印刷
书　　号　ISBN 978-7-5608-8135-5
定　　价　32.00 元